westermann

AF842008

Uwe Maschmeyer, Gerhard Wesker, Thorsten Wesker, Michael Kantner

Energietechnische Formeln

Formelsammlung Elektrotechnik

16. Auflage

Bestellnummer 44523

Zusatzmaterialien zu Energietechnische Formeln

Für Lehrerinnen und Lehrer

BiBox Einzellizenz für Lehrer/-innen (Dauerlizenz)
BiBox Klassenlizenz Premium für Lehrer/-innen und bis zu 35 Schüler/-innen (1 Schuljahr)
BiBox Kollegiumslizenz für Lehrer/-innen (Dauerlizenz)
BiBox Kollegiumslizenz für Lehrer/-innen (1 Schuljahr)

Für Schülerinnen und Schüler

BiBox Einzellizenz für Schüler/-innen (1 Schuljahr)
BiBox Einzellizenz für Schüler/-innen (4 Schuljahre)
BiBox Klassensatz PrintPlus (1 Schuljahr)

© 2024 Westermann Berufliche Bildung GmbH, Ettore-Bugatti-Straße 6-14, 51149 Köln
www.westermann.de

Das Werk und seine Teile sind urheberrechtlich geschützt. Jede Nutzung in anderen als den gesetzlich zugelassenen bzw. vertraglich zugestandenen Fällen bedarf der vorherigen schriftlichen Einwilligung des Verlages. Nähere Informationen zur vertraglich gestatteten Anzahl von Kopien finden Sie auf www.schulbuchkopie.de.

Für Verweise (Links) auf Internet-Adressen gilt folgender Haftungshinweis: Trotz sorgfältiger inhaltlicher Kontrolle wird die Haftung für die Inhalte der externen Seiten ausgeschlossen. Für den Inhalt dieser externen Seiten sind ausschließlich deren Betreiber verantwortlich. Sollten Sie daher auf kostenpflichtige, illegale oder anstößige Inhalte treffen, so bedauern wir dies ausdrücklich und bitten Sie, uns umgehend per E-Mail davon in Kenntnis zu setzen, damit beim Nachdruck der Verweis gelöscht wird.

Druck und Bindung: Westermann Druck GmbH, Georg-Westermann-Allee 66, 38104 Braunschweig

ISBN 978-3-427-44523-4

Vorwort

Diese Formelsammlung ist als Arbeits- und Hilfsmittel für die Lösung von technisch-mathematischen Aufgabenstellungen im energietechnischen Bereich der Elektrotechnik konzipiert. Sie ist in erster Linie für den Einsatz in der beruflichen Erstausbildung vorgesehen, eignet sich aber auch gut für die Verwendung in der beruflichen Fort- und Weiterbildung. Die Formeln der elektrotechnischen Grundlagen sind farblich hervorgehoben. Für die sichere und schnelle Anwendung liegen sie auch umgestellt nach den anderen Variablen vor. Aus Platzgründen ist dies jedoch nicht für alle Formeln der weiterführenden Themen durchgehalten worden.

Die technischen Tabellen im hinteren Teil der Formelsammlung bieten die Informationen, die eine Problemlösung oft erleichtern, ohne dass der Zugriff auf ein Tabellenbuch notwendig wird.

Das gegliederte Inhaltsverzeichnis am Anfang der Sammlung erleichtert das schnelle Auffinden von Formeln. Am Ende der Formelsammlung hilft dabei das Sachwortverzeichnis, das auch in technischem Englisch vorliegt.

Bei der Gliederung der Formelsammlung konnte meist ein Themenabschnitt pro Seite vorgesehen werden. Durch diese Darstellung ist eine gute Übersichtlichkeit gegeben und dem Benutzer steht dadurch oft noch Raum für eventuelle Ergänzungen oder Anmerkungen zur Verfügung.

Die farbige Gestaltung der nun vorliegenden 16. Auflage betont den Informationsgehalt der Darstellungen. Außerdem wurden für diese Neuauflage Kapitel erweitert, überarbeitet und aktualisiert.

Nordhorn, im Juni 2024

die Verfasser

Inhaltsverzeichnis

1 Grundlagen
basics

Ohmsches Gesetz

$$I = \frac{U}{R} \qquad U = I \cdot R \qquad R = \frac{U}{I}$$

Elektrische Stromdichte

$$J = \frac{I}{A} \qquad I = J \cdot A \qquad A = \frac{I}{J}$$

Elektrischer Leitwert, Wirkleitwert

$$G = \frac{1}{R} \qquad R = \frac{1}{G}$$

Elektrische Leitfähigkeit – Spezifischer elektrischer Widerstand

$$\gamma = \frac{1}{\rho} \qquad \rho = \frac{1}{\gamma}$$

Widerstand elektrischer Leitungen

$$R = \frac{\rho \cdot l}{A} \qquad l = \frac{R \cdot A}{\rho} \qquad A = \frac{l \cdot \rho}{R} \qquad \rho = \frac{R \cdot A}{l}$$

$$R = \frac{l}{\gamma \cdot A} \qquad l = R \cdot \gamma \cdot A \qquad A = \frac{l}{\gamma \cdot R} \qquad \gamma = \frac{l}{R \cdot A}$$

Zeichen	Bedeutung	Einheit
U	Elektrische Spannung	V
I	Elektrische Stromstärke	A
R	Elektrischer Widerstand	Ω (oder V/A)
J*	Elektrische Stromdichte	A/mm^2
G	Elektrischer Leitwert, Wirkleitwert	S (oder A/V)
ρ	Spezifischer elektrischer Widerstand (siehe Kap. 41 Tabelle 6)	$\Omega \cdot mm^2/m$
γ**	Elektrische Leitfähigkeit (siehe Kap. 41 Tabelle 6)	$m/(\Omega \cdot mm^2)$
l	Länge des Leiters	m
A	Leiterquerschnitt	mm^2

Einheiten (Umformungen)

1 W = 1 J/s = 1 Nm/s

1 V = 1 W/A = 1 J/As = 1 Nm/As = 1 AΩ

1 V/A = 1 W/A^2 = 1 J/A^2s = 1 Nm/A^2s = 1 Ω

1 A/V = 1 Siemens (S) = 1/Ω

* *Nach DIN 1304: J, S.*

** *Nach DIN 1304: γ, σ, κ; nach DIN 4897: κ, γ.*

2 Elektrischer Widerstand und Temperatur

electrical resistance and temperature

$$\Delta R = R_k \cdot \alpha \cdot \Delta\vartheta \qquad R_k = \frac{\Delta R}{\alpha \cdot \Delta\vartheta} \qquad \Delta\vartheta = \vartheta_w - \vartheta_k \qquad \vartheta_w = \Delta\vartheta + \vartheta_k$$

$$R_w = R_k + \Delta R \qquad R_k = R_w - \Delta R \qquad \Delta R = R_w - R_k$$

$$R_w = R_k(1 + \alpha \cdot \Delta\vartheta) \qquad \Delta\vartheta = \frac{R_w - R_k}{R_k \cdot \alpha}$$

$\alpha \rightarrow$ positiv: Widerstandszunahme bei Erwärmung
$\alpha \rightarrow$ negativ: Widerstandsabnahme bei Erwärmung

Temperaturänderung bei Cu- und Al-Wicklungen: $\Delta\vartheta = \frac{R_w - R_k}{R_k}(235°C + \vartheta_k)$

Übertemperatur bei Cu- und Al-Wicklungen: $\Delta\vartheta = \frac{R_w - R_k}{R_k}(235°C + \vartheta_k) + \vartheta_k - \vartheta_{kq}$

Zeichen	Bedeutung	Einheit
ΔR R_k R_w	Widerstandsänderung Kaltwiderstand Warmwiderstand	Ω Ω } oderV/A Ω
α	Temperaturkoeffizient	1/°C
$\Delta\vartheta$	Temperaturunterschied	°C
ϑ_w	Erhöhte Endtemperatur	°C
ϑ_k	Erniedrigte Anfangstemperatur	°C
ϑ	Temperatur (Theta)	°C
ϑ_{kq}	Kühlmitteltemperatur	°C

Einheiten (vgl. DIN 1301, 1304, 1345)

Nach DIN kann gewählt werden zwischen

Temperaturangabe in °C:

t, ϑ Temperatur in °C
Δt, $\Delta\vartheta$ Temperaturunterschied in °C

Temperaturangabe in K (Kelvin):

T, Θ Temperatur in K
ΔT, $\Delta\Theta$ Temperaturunterschied in K

Der Temperaturkoeffizient α ist temperaturabhängig und wird in Tabellen meist auf 20 °C bezogen: $\alpha_{20°C} = \alpha_{293,15K}$

Tabelle T 6 (Seite 115): Übersicht von Temperaturkoeffizienten

3 Schaltung von Widerständen
connection of resistances

3.1 Reihenschaltung von Widerständen

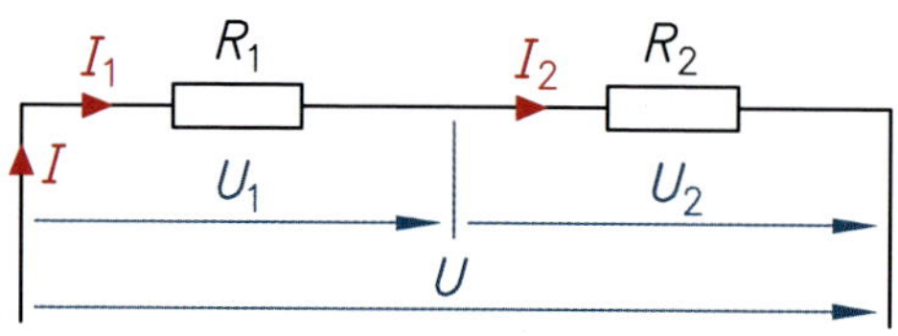

Serien- oder Hintereinanderschaltung

$$I = I_1 = I_2 = \dots$$

$$I = \frac{U}{R} = \frac{U_1}{R_1} = \frac{U_2}{R_2} = \dots$$

2. Kirchhoffsches Gesetz (Maschenregel, $\Sigma U = 0$):

$$U = U_1 + U_2 + \dots \qquad U_1 = U - U_2 - \dots$$

$$U = I \cdot R = I \cdot R_1 + I \cdot R_2 + \dots$$

$$U = I \cdot (R_1 + R_2 + \dots)$$

Maschenregel:

$$U_1 + U_2 + U_3 - U = 0$$

In einer Masche ist die Summe der Spannungen gleich Null!

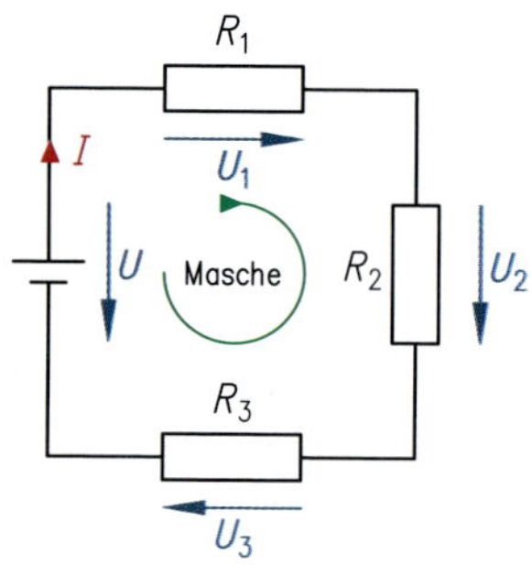

$$R = R_1 + R_2 + \dots \qquad R_1 = R - R_2 - \dots$$

$$\frac{U_1}{U_2} = \frac{R_1}{R_2} \qquad \frac{U}{R} = \frac{U_1}{R_1} = \frac{U_2}{R_2} = \dots$$

Zeichen	Bedeutung	Einheit
U	Elektrische Spannung, Gesamtspannung	V
U_1, U_2, U_3	Teilspannungen	V
I	Elektrische Stromstärke	A
I_1, I_2	Teilströme	A
R	Elektrischer Gesamt-, Ersatzwiderstand	Ω
R_1, R_2, R_3	Teilwiderstände	Ω
Σ	Summenzeichen (griech.: Sigma)	

3.2 Parallelschaltung von Widerständen

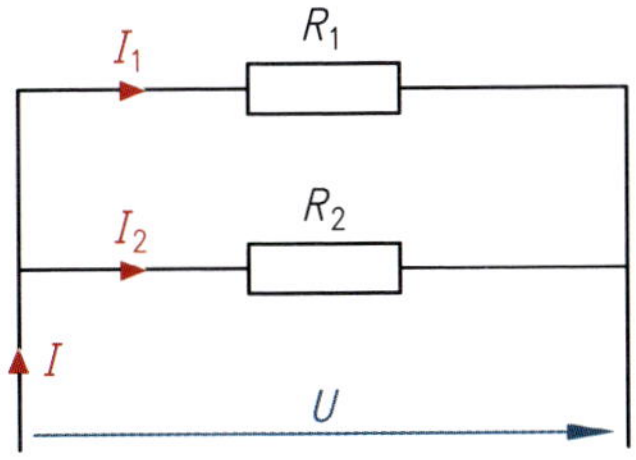

Nebeneinanderschaltung

$I = I_1 + I_2 + \ldots$

$I_1 = I - I_2 - \ldots$

$U = U_1 = U_2 = \ldots$

1. Kirchhoffsches Gesetz (Knotenpunktregel, $\Sigma I = 0$, $\Sigma I_{zu} = \Sigma I_{ab}$)

$I_1 - I_2 - I_3 = 0$

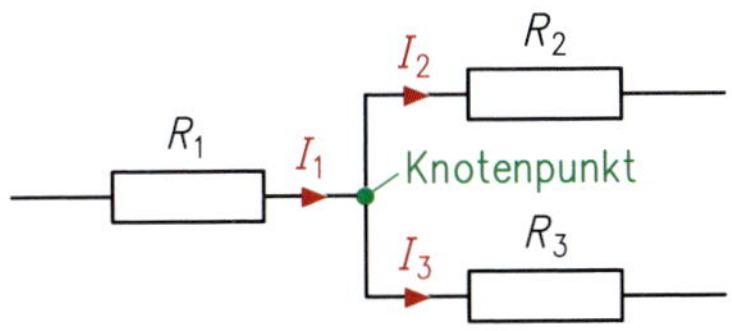

Bei einem Stromknoten ist die Summe der zufließenden und der abfließenden Ströme gleich Null!

$\frac{1}{R} = \frac{1}{R_1} + \frac{1}{R_2} + \ldots$ $\quad \frac{1}{R_1} = \frac{1}{R} - \frac{1}{R_2} - \ldots$ $\quad G = G_1 + G_2 + \ldots$ $\quad G_1 = G - G_2 - \ldots$

Für zwei Widerstände gilt:

$R = \frac{R_1 \cdot R_2}{R_1 + R_2}$ $\quad R_1 = \frac{R_2 \cdot R}{R_2 - R}$ $\quad R_2 = \frac{R_1 \cdot R}{R_1 - R}$

$\frac{I_1}{I_2} = \frac{R_2}{R_1}$ $\quad I_1 = \frac{I_2 \cdot R_2}{R_1}$ $\quad I_2 = \frac{I_1 \cdot R_1}{R_2}$ $\quad R_1 = \frac{I_2 \cdot R_2}{I_1}$ $\quad R_2 = \frac{I_1 \cdot R_1}{I_2}$

$\frac{I_1}{I_2} = \frac{G_1}{G_2}$ $\quad I_1 = \frac{I_2 \cdot G_1}{G_2}$ $\quad I_2 = \frac{I_1 \cdot G_2}{G_1}$ $\quad G_1 = \frac{I_1 \cdot G_2}{I_2}$ $\quad G_2 = \frac{I_2 \cdot G_1}{I_1}$

Zeichen	Bedeutung	Einheit
U	Elektrische Spannung	V
U_1, U_2	Teilspannungen	V
I	Elektrische Stromstärke	A
I_1, I_2, I_3	Teilströme	A
R	Elektrischer Gesamt-, Ersatzwiderstand	Ω
R_1, R_2, R_3	Teilwiderstände	Ω
G	Elektrischer Leitwert	S, 1/Ω
G_1, G_2	Teilleitwerte	S, 1/Ω
Σ	Summenzeichen	–
ΣI_{zu}	Summe der zufließenden Ströme	A
ΣI_{ab}	Summe der abfließenden Ströme	A

3.3 Gruppenschaltung von Widerständen

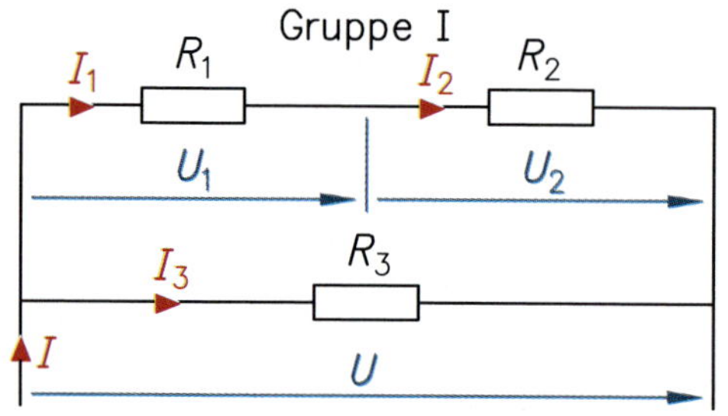

Gemischte Schaltung

$$R = \frac{R_I \cdot R_3}{R_I + R_3}$$ $$R_I = R_1 + R_2$$

$$I = \frac{U}{R}$$ $$I = I_1 + I_3$$ $$I_I = I_1 = I_2 = \frac{U}{R_I}$$ $$I_3 = \frac{U}{R_3}$$

$$U = I \cdot R$$ $$U_1 = I_1 \cdot R_1$$ $$U_2 = I_2 \cdot R_2$$

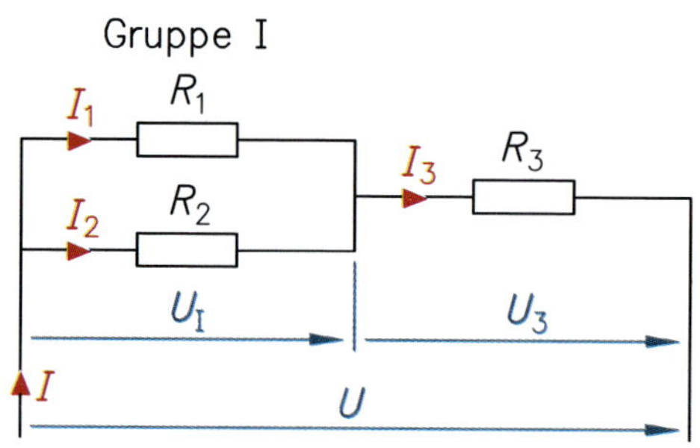

$$R = R_I + R_3$$ $$R_I = \frac{R_1 \cdot R_2}{R_1 + R_2}$$

$$I = \frac{U}{R}$$ $$I = I_1 + I_2 = I_3$$ $$I_1 = \frac{U_I}{R_1}$$ $$I_2 = \frac{U_I}{R_2}$$ $$I_3 = \frac{U_3}{R_3}$$

$$U = I \cdot R$$ $$U_1 = I \cdot R_I$$ $$U_3 = I_3 \cdot R_3$$

Zeichen	Bedeutung	Einheit
$U, U_1 \dots U_3$	Elektrische Spannung	V
U_I	Gruppenspannung	V
I	Elektrische Stromstärke	A
$I_1 \dots I_3$	Teilströme	A
R	Elektrischer Gesamt-, Ersatzwiderstand	Ω
R_I	Elektrischer Widerstand, Gruppe I	Ω
$R_1 \dots R_3$	Teilwiderstände	Ω

4 Spannungsteiler

voltage divider

4.1 Unbelasteter Spannungsteiler

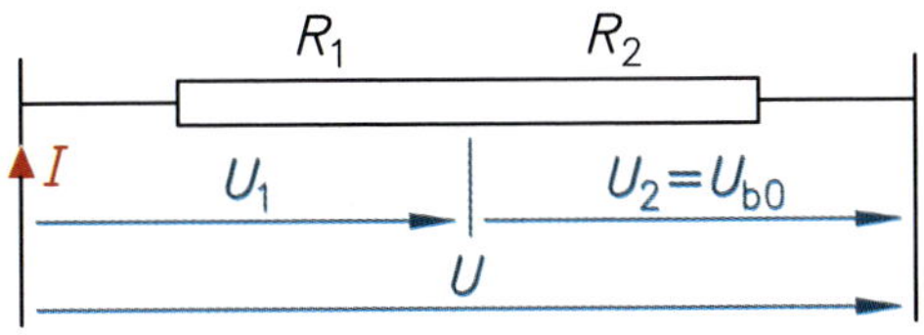

$$I = \frac{U}{R_1 + R_2}$$

$$U = I \cdot (R_1 + R_2)$$

$$R_1 = \frac{U}{I} - R_2$$

$$R_2 = \frac{U}{I} - R_1$$

$$U_1 = \frac{U \cdot R_1}{R_1 + R_2}$$

$$U_1 = U \cdot \frac{R_1}{R}$$

$$U_1 = I \cdot R_1$$

$$U_2 = U_{b0} = \frac{U \cdot R_2}{R_1 + R_2}$$

$$R_1 = R_2 \left(\frac{U}{U_2} - 1 \right)$$

$$R_2 = \frac{R_1}{\frac{U}{U_2} - 1}$$

Zeichen	Bedeutung	Einheit
U	Elektrische Spannung	V
U_1	Teilspannungen	V
$U_2 = U_{b0}$	Teilspannung bei Leerlauf	V
I	Elektrische Stromstärke	A
R	Elektrischer Gesamtwiderstand	Ω
R_1, R_2	Teilwiderstände	Ω

4.2 Belasteter Spannungsteiler

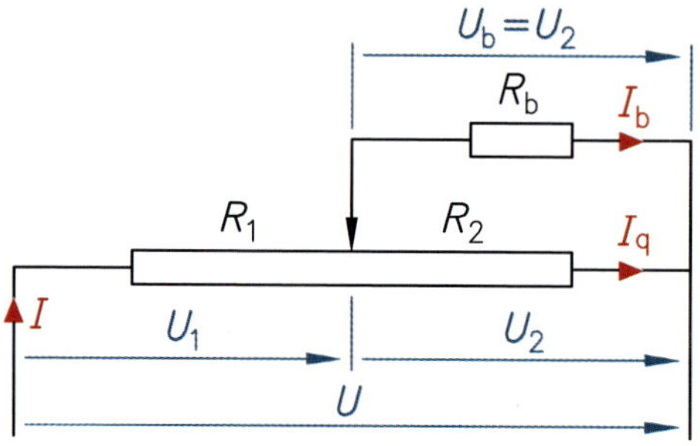

Potenziometer

$$U = U_1 + U_2$$

$$I = \frac{U}{R} \qquad I = \frac{U_1}{R_1} \qquad I = \frac{U_b}{R_I} \qquad I = I_q + I_b$$

$$I_q = \frac{U_b}{R_2} \qquad I_q = I - I_b \qquad I_b = \frac{U_b}{R_b}$$

$$\frac{U_b}{U} = \frac{R_I}{R} \qquad U_b = \frac{R_I \cdot U}{R} \qquad U = \frac{U_b \cdot R}{R_I} \qquad R = \frac{U \cdot R_I}{U_b} \qquad R_I = \frac{U_b \cdot R}{U}$$

$$\frac{U_b}{U_1} = \frac{R_I}{R_1} \qquad U_1 = \frac{U_b \cdot R_1}{R_I} \qquad U_b = \frac{U_1 \cdot R_I}{R_1} \qquad R_1 = \frac{U_1 \cdot R_I}{U_b} \qquad R_I = \frac{U_b \cdot R_1}{U_1}$$

$$U_b = I \cdot R_I \qquad U_b = I_b \cdot R_b \qquad U_b = I_q \cdot R_2$$

$$R = R_1 + R_I \qquad R_I = \frac{U_{b0} - U_b}{I_b} \qquad R_I = \frac{R_2 \cdot R_b}{R_2 + R_b} \qquad R_2 = \frac{R_b \cdot R_I}{R_b - R_I} \qquad R_b = \frac{R_2 \cdot R_I}{R_2 - R_I}$$

Zeichen	Bedeutung	Einheit
U	Elektrische Spannung	V
U_1, U_2	Teilspannungen	V
$U_2 = U_b$	Teilspannung bei Belastung	V
U_{b0}	Teilspannung bei Leerlauf	V
I	Elektrische Stromstärke	A
I_b	Belastungsstrom	A
I_q	Querstrom	A
R_1, R_2	Teilwiderstände	Ω
R_b	Belastungswiderstand	Ω
R	Gesamtwiderstand	Ω
R_I	Ersatzwiderstand für R_2 und R_b	Ω

5 Spannungen und Widerstände im einfachen Stromkreis

voltages and resistors in a simple circuit

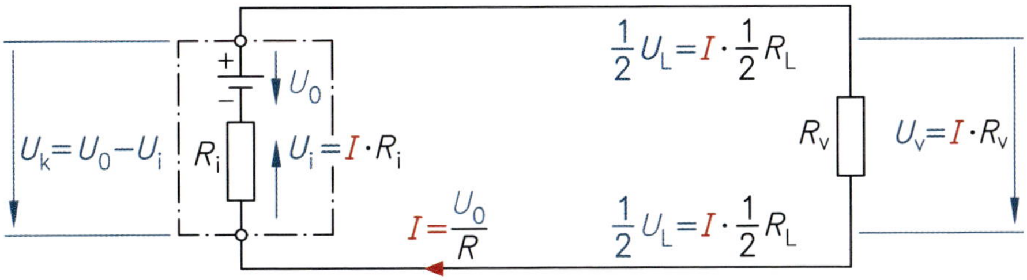

$U_k + U_i - U_0 = 0$

$U_0 = 0{,}5\, U_L + U_v + 0{,}5\, U_L + U_i$

$U_0 = U_L + U_V + U_i$

$R = 0{,}5\, R_L + R_v + 0{,}5\, R_L + R_i$

$R = R_L + R_v + R_i$

$U_0 = U_K + U_i$ | $U_i = I \cdot R_i$ | $R = R_a + R_i$ | $R_a = R_L + R_v$

$U_k = U_0 - I \cdot R_i$ | $I = \frac{U_0 - U_k}{R_i}$ | $U_0 = U_k + I \cdot R_i$ | $R_i = \frac{U_0 - U_k}{I}$

$U_k = I \cdot R_a$ | $I = \frac{U_k}{R_a}$ | $R_a = \frac{U_k}{I}$

$I = \frac{U_0}{R_i + R_a}$ | $U_0 = I\,(R_i + R_a)$ | $R_a = \frac{U_0}{I} - R_i$ | $R_i = \frac{U_0}{I} - R_a$

$I_k = \frac{U_0}{R_i}$ | $R_i = \frac{U_k}{I_k - I}$

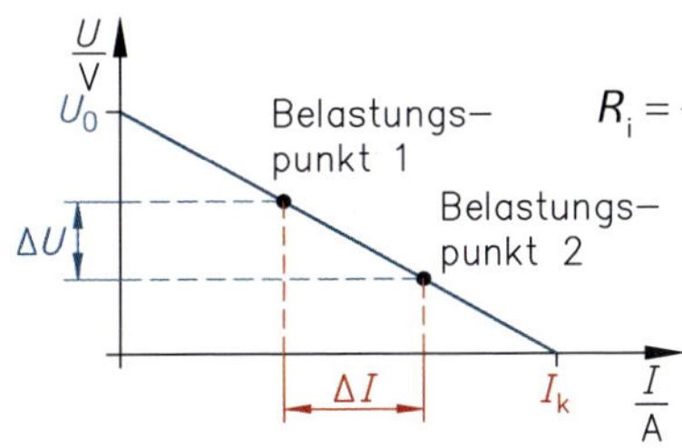

$R_i = \frac{\Delta U}{\Delta I}$

Bei Stromanpassung: $R_i \gg R_a$

Leistungsanpassung: $R_i = R_a$

Spannungsanpassung: $R_i \ll R_a$

Zeichen	Bedeutung	Einheit
U_0	Urspannung	V
U_k	Klemmenspannung	V
U_L	Leiterspannung	V
U_v	Verbraucherspannung	V
U_i	Spannungsfall an R_i	V
ΔU	Spannungsänderung	V
I	Elektrische Stromstärke	A
I_k	Kurzschlussstrom (Spannungsquelle kurzgeschlossen)	A
ΔI	Stromänderung	A
R	Gesamtwiderstand	Ω
R_i	Innenwiderstand	Ω
R_a	Außenwiderstand	Ω
R_v	Verbraucherwiderstand	Ω
R_L	Leiterwiderstand	Ω

6 Schaltung von chemischen Elementen und Solarmodulen

connection of chemical elements and solar panels

6.1 Reihenschaltung von Spannungserzeugern

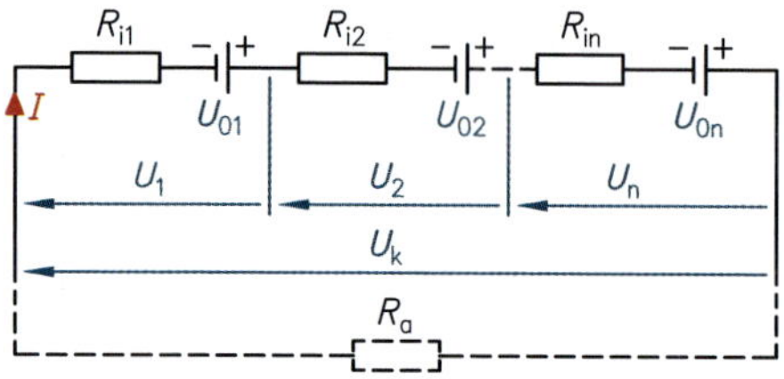

$$U_0 = U_{01} + U_{02} + \dots U_{0n} \qquad U_k = I \cdot R_a$$

$$R_i = R_{i1} + R_{i2} + \dots R_{in}$$

$$U_k = U_1 + U_2 + \dots U_n$$

6.2 Parallelschaltung von Spannungserzeugern

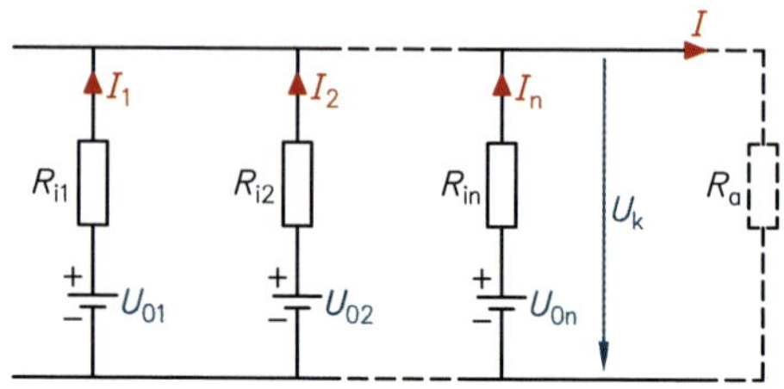

$$U_0 = U_{01} = U_{02} = U_{0n}$$

$$\frac{1}{R_i} = \frac{1}{R_{i1}} + \frac{1}{R_{i2}} + \dots \frac{1}{R_{in}}$$

$$I = I_1 + I_2 + \dots I_n$$

Für *n* gleiche Erzeuger:

$$R_i = \frac{R_{iz}}{n_p}$$

$$I_1 = \frac{I}{n_p}$$

6.3 Gruppenschaltung von Spannungserzeugern

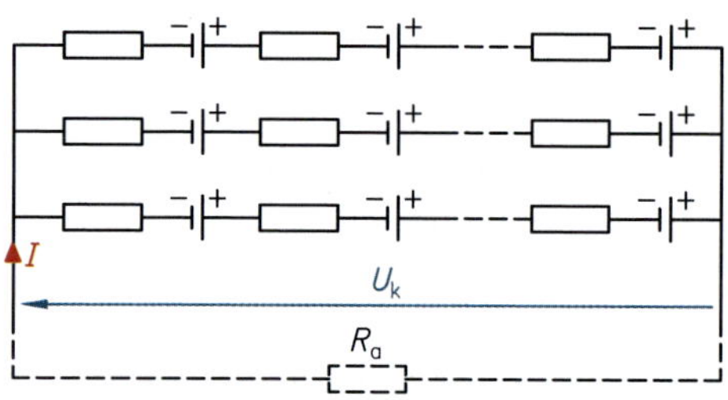

$$I = \frac{n_R \cdot U_{0Z}}{R_i + R_a}$$

$$I = \frac{n_R \cdot U_{0z}}{\frac{n_R \cdot R_{iz}}{n_p} + R_a}$$

$$R_i = \frac{n_R \cdot R_{iZ}}{n_p}$$

Zeichen	Bedeutung	Einheit
U_0	Urspannung	V
U_{01}, U_{02}, U_{0n}, U_{0z}	Urspannung einer Zelle	V
U_k	Klemmenspannung der Batterie	V
U_1, U_2, U_n	Klemmenspannung einer Zelle	V
I	Elektrische Stromstärke	A
I_1, I_2, I_n,	Einzelströme	A
R_i	Innenwiderstand der Batterie	Ω
R_{i1}, R_{i2}, R_{in}, R_{iz}	Einzelinnenwiderstände	Ω
R_a	Außenwiderstand	Ω
n	Anzahl der gleichen Batteriezellen	–
n_R	Anzahl der in Reihe liegenden Batteriezellen	–
n_P	Anzahl der parallel geschalteten Batteriezellen	–

6.4 Schaltung von Solarmodulen

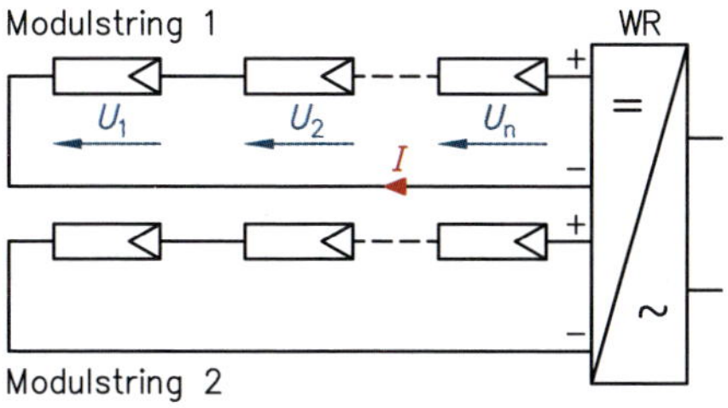

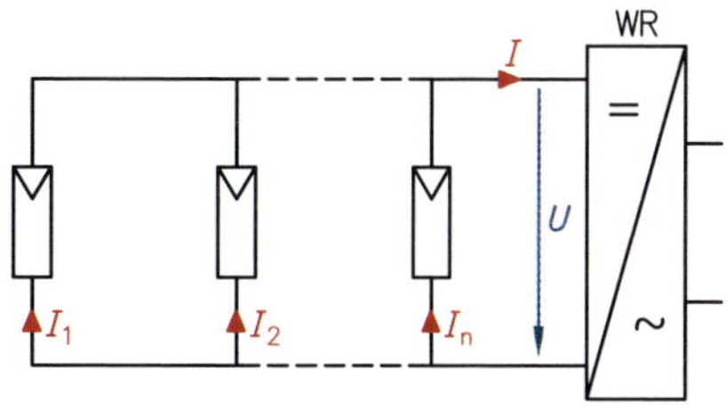

Moduleigenschaften:

Modultyp	η_m, mittlerer Wirkungsgrad	Fläche pro kW Peak
monokristallin	13 bis max. 25	6–9 m²
polykristallin	12 bis max. 19	7–10 m²
amorph	max. 11	11–18 m²

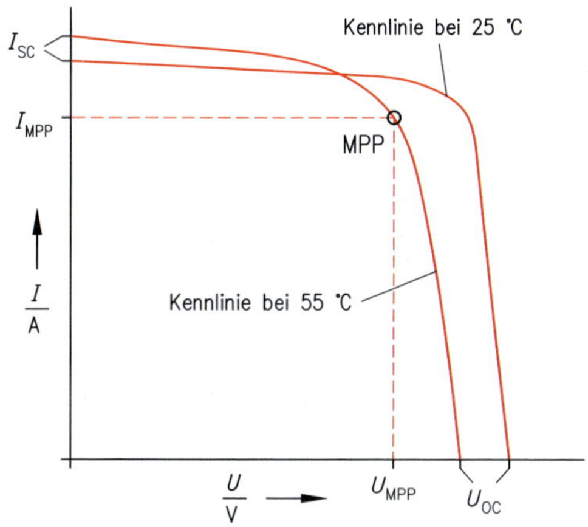

Leistung im Maximum Power Point: $$P_{MPP} = U_{MPP} \cdot I_{MPP}$$

Anzahl der Module: $$n = \frac{A_G}{A_M}$$

maximale Leistung des Solargenerators: $$P_{MPPges} = n \cdot P_{MPP}$$

Einflussfaktoren:
- geografische Lage: solare Globalstrahlung in Deutschland (ca. E = 1 000 Wp/m²) (siehe auch Globalstrahlung Deutscher Wetterdienst)
- Dachneigung und Orientierung des Daches (Azimut)
- Korrekturfaktor f_A: siehe Diagramm solare Globalstrahlung (Seite 18)

nutzbare Generatorleistung: $$P_G = P_{MPPges} \cdot f_A$$

Anlagenleistung: $$P_A = P_G \cdot \eta_{WR} \cdot \eta_L$$

tatsächliche Jahresenergiemenge: $$W_a = E \cdot A_G \cdot f_A \cdot \eta_m \cdot \eta_{WR} \cdot \eta_L$$

Jahresertrag des Solargenerators: $$K = W_a \cdot k$$

6 Schaltung von chemischen Elementen und Solarmodulen

connection of chemical elements and solar panels

Diagramm für den Korrekturfaktor f_A

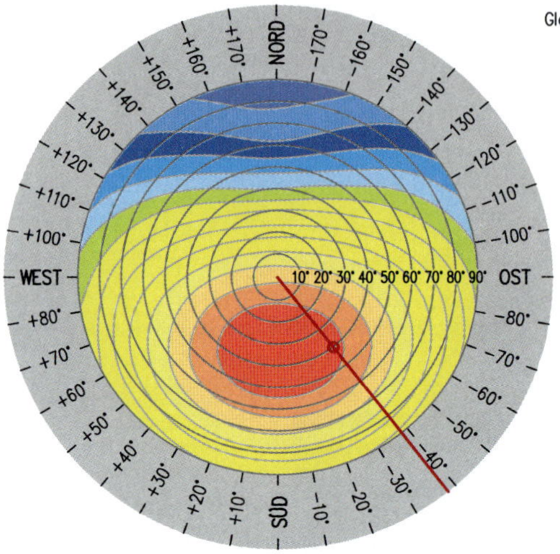

Globalstrahlung in %	f_A	Neigungswinkel
100	1,0	90°
95	0,95	85°
90	0,9	80°
85	0,85	75°
80	0,8	70°
75	0,75	65°
70	0,7	60°
65	0,65	55°
60	0,6	50°
55	0,55	45°
50	0,5	40°
45	0,45	35°
40	0,4	30°
35	0,35	25°

Beispiel:
Dachfläche mit 40° Neigung und einer Ausrichtung von −38° Ost:
$f_A = 1{,}0$

Zeichen	Bedeutung	Einheit
U	Gesamtspannung, Stringspannung	V
I	Gesamtstrom	A
U_1, U_2, U_3	Einzelspannung der Module	V
I_1, I_2, I_3	Einzelströme der Module	A
U_{OC}	Leerlaufspannung	V
I_{SC}	Kurzschlussstrom	A
MPP	Punkt mit maximaler Leistung, Maximum Power Point	–
U_{MPP}	Spannung im MPP	V
I_{MPP}	Strom im MPP	A
P_{MPP}	Maximale Modulleistung	W
η_m	Mittlerer Modulwirkungsgrad	–
n	Anzahl der Module	–
A_G	Nutzbare Dachfläche, Generatorfläche	m^2
A_M	Fläche eines Moduls	m^2
P_{MPPges}	Leistung des Solargenerators	W
P_G	Nutzbare Generatorleistung	W
P_A	Leistung der gesamten Anlage	W
η_{WR}	Wirkungsgrad des Wechselrichters	–
η_L	Wirkungsgrad der Leitungen	–
W_a	Tatsächliche Jahresenergiemenge	kWh
E	Solare Globalstrahlung	kWh/m^2
K	Jahresertrag des Solargenerators	€
k	Vergütung pro erzeugter Kilowattstunde	€/kWh

7 Elektrische Leistung bei Gleichstrom

wattage during direct current

$$P = U \cdot I \qquad U = \frac{P}{I} \qquad I = \frac{P}{U}$$

$$P = I^2 \cdot R \qquad R = \frac{P}{I^2} \qquad I = \sqrt{\frac{P}{R}}$$

$$P = \frac{U^2}{R} \qquad R = \frac{U^2}{P} \qquad U = \sqrt{P \cdot R}$$

Zeichen	Bedeutung	Einheit
P	Elektrische Leistung	W
U	Elektrische Spannung	V
I	Elektrische Stromstärke	A
R	Elektrischer Widerstand	Ω

Einheiten (Umformung)

$1\ \text{W} = 1\ \text{V} \cdot \text{A}$

$$1\ \text{W} = 1\ \frac{\text{J}}{\text{s}} = 1\ \frac{\text{Nm}}{\text{s}} = 1\ \frac{\text{kgm}^2}{\text{s}^3}$$

Tabelle T3 (Seite 113): Umrechnung von Leistungseinheiten

8 Leistungsermittlung mit dem Zähler

wattage measuring with the meter

$$P_{kW} = \frac{n}{C_z \cdot t_h} \qquad t_h = \frac{n}{C_z \cdot P_{kW}} \qquad n = t_h \cdot C_z \cdot P_{kW} \qquad C_z = \frac{n}{P_{kW} \cdot t_h}$$

$$P_{kW} = \frac{n \cdot 60}{C_z \cdot t_{min}} \qquad P_{kW} = \frac{n \cdot 3600}{C_z \cdot t_s}$$

Zeichen	Bedeutung	Einheit
P_{kW}	Elektrische Leistung	kW
n	Anzahl der Umdrehungen der Zählerscheibe	–
C_z	Zählerkonstante, Ablesekonstante	1/kWh
t_h	Zeit in Stunden	h
t_{min}	Zeit in Minuten	min
t_s	Zeit in Sekunden	s

9 Elektrische Arbeit (Energie)

electrical work (energy)

$$W = P \cdot t \qquad P = \frac{W}{t} \qquad t = \frac{W}{P}$$

$$W = U \cdot I \cdot t \qquad W = I^2 \cdot R \cdot t \qquad W = \frac{U^2}{R} \cdot t$$

9.1 Gesamtkosten der elektrischen Arbeit (Energie)

Stromentgelt = Arbeitsentgelt + Leistungsentgelt + Verrechnungsentgelt
(Das Stromentgelt erhöht sich um den jeweils gültigen Mehrwertsteuersatz)

Arbeitsentgelt = Elektrische Arbeit (kWh) · Arbeitspreis (EUR/kWh)
Das Leistungsentgelt setzt sich aus einem festen und einem verbrauchsabhängigen Anteil zusammen.
Das Verrechnungsentgelt ergibt sich nach Art und Umfang der erforderlichen Mess- und Steuereinrichtungen.

9.2 Wirkungsgrad

$$\eta = \frac{P_{ab}}{P_{zu}} \qquad \eta = \frac{\text{abgegebene Leistung}}{\text{zugeführte Leistung}} \qquad P_{zu} = \frac{P_{ab}}{\eta} \qquad P_{ab} = P_{zu} \cdot \eta \qquad P_v = P_{zu} - P_{ab}$$

$$\eta = \frac{W_{ab}}{W_{zu}} \qquad \eta = \frac{\text{abgegebene Arbeit}}{\text{zugeführte Arbeit}} \qquad W_{zu} = \frac{W_{ab}}{\eta} \qquad W_{ab} = W_{zu} \cdot \eta$$

$$\eta_{ges} = \eta_1 \cdot \eta_2 \cdot \ldots$$ Gesamtwirkungsgrad eines Systems

Zeichen	Bedeutung	Einheit
W	Elektrische Arbeit	Ws, kWh
W_{ab}	Abgegebene Arbeit	Ws, kWh
W_{zu}	Zugeführte Arbeit	Ws, kWh
P	Elektrische Leistung	W, kW
P_{ab}	Abgegebene Leistung	W, kW
P_{zu}	Zugeführte Leistung	W, kW
P_V	Leistungsverlust	W, kW
U	Elektrische Spannung	V
I	Elektrische Stromstärke	A
R	Elektrischer Widerstand	Ω
t	Zeit	s, h
η	Wirkungsgrad	–
η_1, η_2	Einzelwirkungsgrade	–

10 Elektrische Energie und Wärmemenge

electric energy and heat quantity

10.1 Warmwasserbereitung

$$W = Q_{zu}$$

$$Q_{zu} = U \cdot I \cdot t \qquad t = \frac{Q_{zu}}{U \cdot I} \qquad I = \frac{Q_{zu}}{U \cdot t} \qquad U = \frac{Q_{zu}}{I \cdot t}$$

$$Q_{zu} = P_{zu} \cdot t \qquad Q_{zu} = I^2 \cdot R \cdot t \qquad Q_{zu} = \frac{U^2}{R} \cdot t$$

$$Q_{ab} = m \cdot c \cdot \Delta T \qquad m = \frac{Q_{ab}}{c \cdot \Delta T} \qquad \Delta T = \frac{Q_{ab}}{m \cdot c} \qquad c_{Wasser} = 4\,186{,}8\ \text{Ws/(kg} \cdot \text{K)}$$

$$\zeta = \frac{Q_{ab}}{Q_{zu}} \qquad Q_{ab} = \zeta \cdot Q_{zu} \qquad Q_{zu} = \frac{Q_{ab}}{\zeta} \qquad \zeta = \frac{m \cdot c \cdot \Delta T}{U \cdot I \cdot t}$$

10.2 Wärmepumpe

$$\beta = \frac{Q_{ab}}{Q_{zu}} \qquad Q_{zu} = \frac{Q_{ab}}{\beta} \qquad Q_{ab} = \beta \cdot Q_{zu}$$

$$\varepsilon = \frac{\dot{Q}_{ab}}{P_{zuel}} \qquad P_{zuel} = \frac{\dot{Q}_{ab}}{\varepsilon} \qquad \dot{Q}_{ab} = \varepsilon \cdot P_{zuel}$$

$$COP = \frac{\dot{Q}_{ab}}{\dot{Q}_{zu}} \qquad COP \triangleq \varepsilon$$

Vereinbarung: *COP* entspricht dem Wert von ε

Zeichen	Bedeutung	Einheit
W	Elektrische Arbeit	Ws
Q_{zu}	Zugeführte elektrische Energie bzw. Wärmemenge	Ws, J
Q_{ab}	Abgegebene Wärmemenge	Ws, J
P_{zu}, P_{zuel}	zugeführte elektrische Leistung	W
U	Elektrische Spannung	V
I	Elektrische Stromstärke	A
R	Elektrischer Widerstand	Ω
t	Zeit	s
m	Masse	kg
c	Spezifische Wärmekapazität	Ws/(kg · K)
ΔT	Temperaturdifferenz	K
ζ	Wärmenutzungsgrad (Zeta)	–
β	Arbeitszahl	–
ε	Leistungszahl	–
$\dot{Q}_{zu}$	Zugeführte Wärmeleistung	kJ/s, kW
$\dot{Q}_{ab}$	Abgeführte Wärmeleistung	kJ/s, kW
COP	Coefficient of Performance, Leistungszahl	–

Hinweis: Umrechnung von Einheiten siehe T4 auf Seite 113

11 Elektrolyse

electrolysis

$$m = a \cdot I \cdot t \qquad I = \frac{m}{a \cdot t} \qquad t = \frac{m}{a \cdot I} \qquad a = \frac{m}{I \cdot t}$$

Zeichen	Bedeutung	Einheit
m	Ausgeschiedene Stoffmenge	mg
I	Elektrische Stromstärke	A
t	Zeit	s
a	Elektrochemisches Äquivalent	mg/(A · s)

Ist a in g/Ah angegeben, so wird die Stoffmenge m in g gerechnet.
Tabelle T7 (Seite 115): Elektrochemische Äquivalente

12 Akkumulatoren

accumulators

$$K = I \cdot t \qquad I = \frac{K}{t} \qquad t = \frac{K}{I}$$

$$\eta_{Ah} = \frac{I \cdot t}{I_L \cdot t_L} \qquad \eta_{Ah} = \frac{K}{K_L} \qquad n = \frac{U_N}{U_Z}$$

$$\eta_{Wh} = \frac{U \cdot I \cdot t}{U_L \cdot I_L \cdot t_L} \qquad \eta_{Wh} = \frac{W_{ab}}{W_{zu}}$$

Faustformeln:

Bleisammler: $I_L \approx \frac{K}{10}$

Bei Beginn der Gasung: $I_L \approx \frac{K}{20}$

Zeichen	Bedeutung	Einheit
K	Entladekapazität	As, Ah
K_L	Ladekapazität	As, Ah
U_N	Batterie-Nennspannung	V
U_z	Niedrigste Entladespannung einer Zelle	V
U	Entladespannung	V
U_L	Ladespannung	V
I	Entladestrom	A
I_L	Ladestrom	A
t	Entladezeit	s, h
t_L	Ladezeit	s, h
n	Anzahl der Zellen	–
η_{Ah}	Amperestunden-Wirkungsgrad	–
η_{Wh}	Wattstunden-Wirkungsgrad	–
W_{ab}	Beim Entladen frei werdende elektrische Energie	Wh
W_{zu}	Beim Laden zuzuführende elektrische Energie	Wh

13 Magnetismus
magnetism

Elektrische Durchflutung

$$\Theta = I \cdot N \qquad I = \frac{\Theta}{N} \qquad N = \frac{\Theta}{I}$$

Magnetische Feldstärke

$$H = \frac{I \cdot N}{l} \qquad H = \frac{\Theta}{l} \qquad \Theta = H \cdot l$$

Magnetische Flussdichte

a) Luft: $B_L = \mu_0 \cdot H$ $\quad \mu_0 = 1{,}256 \cdot 10^{-6} \frac{\text{Vs}}{\text{Am}}$

b) Eisen: $B_{Fe} = \mu_0 \cdot \mu_r \cdot H$

Magnetischer Fluss

$$\Phi = B \cdot A \qquad B = \frac{\Phi}{A} \qquad A = \frac{\Phi}{B}$$

Ohmsches Gesetz des magnetischen Kreises

$$\Theta = R_m \cdot \Phi \qquad R_m = \frac{\Theta}{\Phi} \qquad \Phi = \frac{\Theta}{R_m} \qquad \Lambda = \frac{1}{R_m}$$

Magnetischer Widerstand

$$R_m = \frac{l}{\mu_0 \cdot \mu_r \cdot A}$$

Magnetischer Kreis mit Luftspalt und Eisen

$$\Sigma\Theta = \Sigma H \cdot l \qquad \Theta = H_{Fe} \cdot l_{Fe} \qquad \Theta_L = H_L \cdot l_L \qquad \Theta = \Theta_{Fe} + \Theta_L$$

Zeichen	Bedeutung	Einheit
$\Theta, \Theta_{Fe}, \Theta_L$	Elektrische Durchflutung, Gesamtdurchflutung im Eisen, Gesamtdurchflutung in Luft	A
H, H_{Fe}, H_L	Magnetische Feldstärke, Magnetische Feldstärke im Eisen, Magnetische Feldstärkein Luft	A/m
I	Elektrische Stromstärke	A
N	Windungszahl	–
l, l_{Fe}, l_L	Mittlere Feldlinienlänge, Feldlinienlänge im Eisen, Feldlinienlänge in Luft	m
B, B_L, B_{Fe}	Magnetische Flussdichte, Magnetische Flussdichte in Luft, Magnetische Flussdichte im Eisen	Vs/m^2
Φ	Magnetischer Fluss	Vs
A	Polfläche	m^2
μ, μ_0	Permeabilität, Magnetische Feldkonstante	Vs/(A · m)
μ_r	Permeabilitätszahl	–
R_m	Magnetischer Widerstand	A/Vs
Σ	Summenzeichen	–
Λ	Magnetischer Leitwert	H, Vs/A

13 Magnetismus
magnetism

Einheiten der magnetischen Größen

Größe und Formelzeichen		SI-Einheit	Beziehung
Elektrische Durchflutung Magnetische Spannung	Θ V	Ampere (A)	1 A = 1 J/Wb
Magnetische Feldstärke	H	A/m	1 A/m = 1 N/Wb 1 A/m = 0,01 A/cm
Magnetische Flussdichte	B	Tesla (T)	1 T = 1 Wb/m² 1 T = 1 Vs/m²
Magnetischer Fluss	Φ	Weber (Wb)	1 Wb = 1 Vs
Magnetischer Widerstand	R_m	1/Henry (1/H)	1/H = 1 A/Wb

13.1 Induktion

Allgemeines Induktionsgesetz $U_i = -N \frac{\Delta\Phi}{\Delta t}$ $\quad U_i = -L \frac{\Delta I}{\Delta t}$

Induzierte Spannung in einem Leiter $U_i = B \cdot l \cdot v$

Induzierte Spannung in mehreren Leitern $U_i = B \cdot l \cdot v \cdot z$

Induzierte Spannung in einer Spule $U_i = B \cdot l \cdot v \cdot 2N$

Induzierte Spannung im Anker $U_i = \frac{B \cdot l \cdot v \cdot N}{a}$ $\quad U_i = \frac{\Phi \cdot p \cdot N \cdot n}{30 \cdot a}$

Zeichen	Bedeutung	Einheit
U_i	Induzierte Spannung	V
B	Magnetische Flussdichte	Vs/m²
Φ	Magnetischer Fluss	Vs
$\Delta\Phi$	Flussänderung	Vs
Δt	Zeitdauer der Änderung	s
ΔI	Stromänderung	A
L	Induktivität	H, Vs/A, Ωs
v	Geschwindigkeit	m/s
z	Anzahl der Leiter	–
N	Windungszahl	–
n	Umdrehungsfrequenz	1/min
p	Anzahl der Polpaare	–
a	Anzahl der parallelen Ankerzweige	–
l	Wirksame Leiterlänge	m

13.2 Kraftwirkung im Magnetfeld

Kraftwirkung auf einen Leiter im Magnetfeld

$$F = B \cdot l \cdot I$$

Kraftwirkung auf eine Spule im Magnetfeld

$$F = B \cdot l \cdot I \cdot 2 \cdot N$$

Kraftwirkung zwischen zwei parallelen Leitern

$$F = \frac{2 \cdot I_1 \cdot I_2 \cdot l}{10^7 \cdot a}$$

Tragkraft eines Magneten

$$F \approx 4 \cdot B^2 \cdot A \cdot 10^5$$

Kraftwirkung zwischen zwei Magneten

$$F \approx 4 \cdot B^2 \cdot A \cdot 10^7$$

Zeichen	Bedeutung	Einheit
F	Kraft	N (Newton)
B	Magnetische Flussdichte	Vs/m^2
I	Elektrische Stromstärke	A
I_1	Stromstärke Leiter 1	A
I_2	Stromstärke Leiter 2	A
l	Länge des Leiters im Magnetfeld oder Länge der parallelen Leiterführung	m
a	Leiterabstand	m
A	Vom magnetischen Fluss durchsetzte Fläche	m^2
N	Windungszahl	–

Einheit (Umformung)

$1\ N = 1\ kgm/s^2$

14 Wechselstromgrundlagen

basics of alternating current

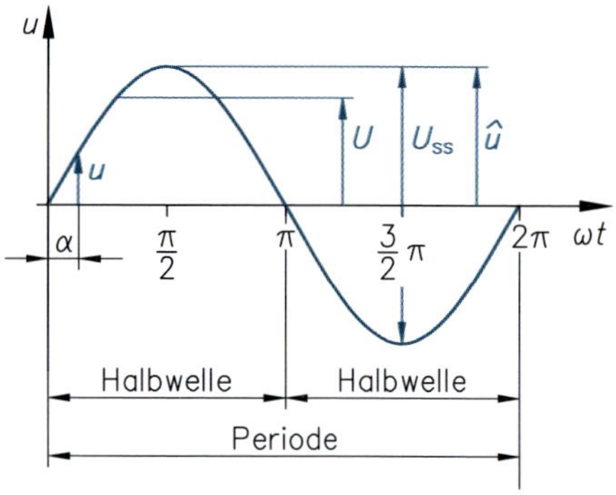

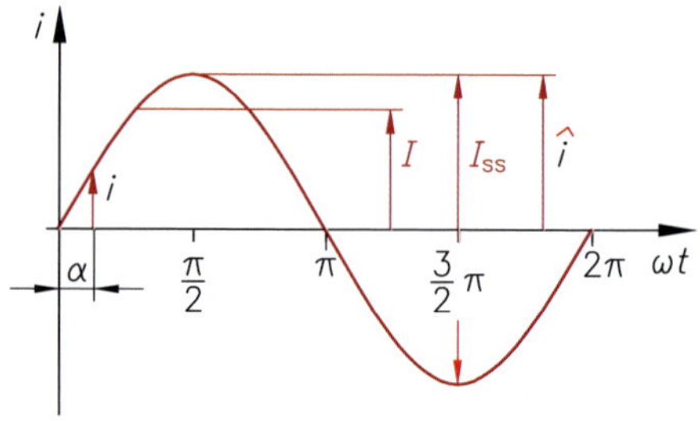

$f = \frac{1}{T}$ $\quad T = \frac{1}{f}$ $\quad f = \frac{p \cdot n}{60}$

Hinweis:
Bei der Eingabe von α die Einstellung des Taschenrechners beachten!
Wenn *n* nicht in 1/min sondern in 1/s vorliegt, teilen durch 60 weglassen.

Zeitwert einer Wechselstromgröße

$u = \hat{u} \cdot \sin \alpha$ $\quad i = \hat{i} \cdot \sin \alpha$

Effektiv- und Scheitelwert (Gilt nur bei sinusförmigen Werten)

$U = \frac{U_{max}}{\sqrt{2}}$ $\quad U = 0{,}707 \cdot U_{max}$ $\quad U_{max} = U \cdot \sqrt{2}$ $\quad U_{ss} = 2 \cdot U_{max}$

$I = \frac{I_{max}}{\sqrt{2}}$ $\quad I = 0{,}707 \cdot I_{max}$ $\quad I_{max} = I \cdot \sqrt{2}$ $\quad I_{ss} = 2 \cdot I_{max}$

Kreisfrequenz

$\omega = 2 \cdot \pi \cdot f$ $\quad f = \frac{\omega}{2 \cdot \pi}$

Drehwinkel

$\alpha = \frac{2 \cdot \pi}{T} \cdot t$ $\quad \alpha = 2 \cdot \pi \cdot f \cdot t$ $\quad \alpha = \omega \cdot t$

Zeichen	Bedeutung	Einheit
U	Effektivwert der Wechselspannung	V
U_{max}, $\hat{u}$	Scheitelwert, Maximalwert der Wechselspannung	V
U_{ss}	Spannung von Spitze zu Spitze	V
u	Augenblicks- oder Zeitwert der Wechselspannung	V
I	Effektivwert des Wechselstroms	A
I_{max}, $\hat{i}$	Scheitelwert, Maximalwert des Wechselstroms	A
I_{ss}	Strom von Spitze zu Spitze	A
i	Augenblicks- oder Zeitwert des Wechselstroms	A
f	Frequenz	Hz, s^{-1}
T	Periodendauer	s
p	Polpaarzahl	–
n	Umdrehungsfrequenz	1/min
ω	Kreisfrequenz	s^{-1}
α	Drehwinkel im Bogenmaß	rad
t	Zeit	s

15 Induktivität
inductance

15.1 Induktivität im Wechselstromkreis

$$X_L = \omega \cdot L \qquad L = \frac{X_L}{\omega} \qquad \omega = \frac{X_L}{L}$$

$$X_L = 2 \cdot \pi \cdot f \cdot L \qquad L = \frac{X_L}{2 \cdot \pi \cdot f} \qquad f = \frac{X_L}{2 \cdot \pi \cdot L}$$

$$L = \frac{\mu_0 \cdot \mu_r \cdot N^2 \cdot A}{l} \qquad U_L = X_L \cdot I \qquad \mu_0 = 1{,}256 \cdot 10^{-6}\,\frac{\text{Vs}}{\text{Am}}$$

Reihenschaltung von Induktivitäten

$$L = L_1 + L_2 + L_3 + \ldots$$

Parallelschaltung von Induktivitäten

$$\frac{1}{L} = \frac{1}{L_1} + \frac{1}{L_2} + \frac{1}{L_3} + \ldots$$

Energie des magnetischen Feldes einer Spule

$$W_L = \frac{L \cdot I^2}{2}$$

Zeichen	Bedeutung	Einheit
L	Induktivität	H, Vs/A, Ωs
L_1, L_2, ...	Einzelinduktivitäten	H, Vs/A, Ωs
X_L	Induktiver Blindwiderstand	Ω
ω	Kreisfrequenz	s^{-1}
f	Frequenz	Hz, s^{-1}
U_L	Induktive Blindspannung	V
I	Elektrische Stromstärke	A
μ_0	Magnetische Feldkonstante	Vs/Am
μ_r	Permeabilitätszahl	–
N	Windungszahl	–
l	Feldlinienlänge	m
W_L	Energie des magnetischen Feldes einer Spule	Ws
A	Vom magnetischen Fluss durchsetzte Fläche	m^2

Einheit (Umformung)
1 H = 1 Vs/A = 1 Wb/A

15.2 Induktivität an Gleichspannung

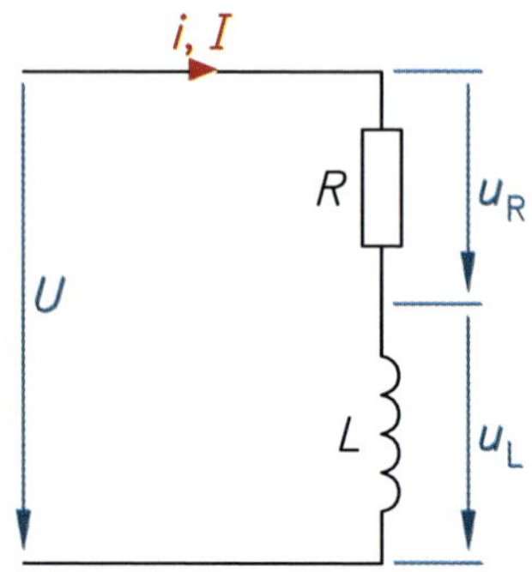

Zeitkonstante

$$\tau = \frac{L}{R}$$

Einschaltmoment t_1

$$u_L = U \cdot e^{-\frac{t}{\tau}}$$

$$i = I\left(1 - e^{-\frac{t}{\tau}}\right)$$

$$I = i_{max} = \frac{U}{R}$$

Ausschaltmoment t_2

$$i = I \cdot e^{-\frac{t}{\tau}}$$

$$I = \frac{U}{R}$$

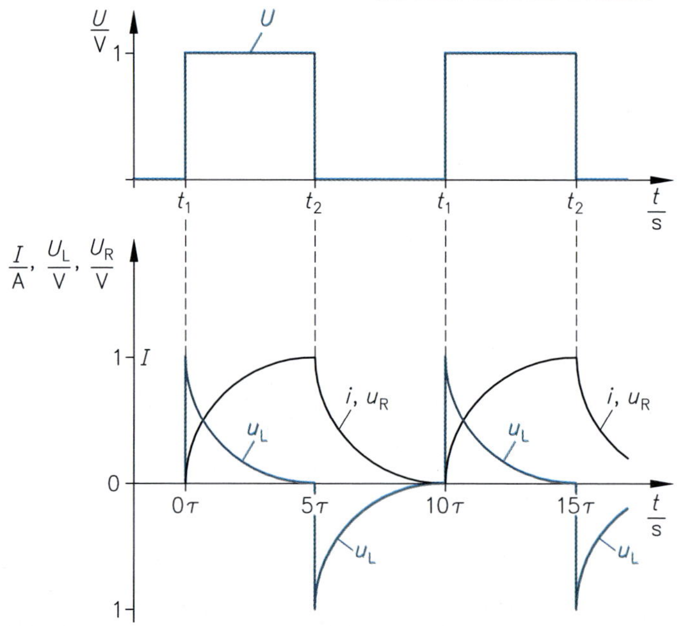

Zeichen	Bedeutung	Einheit
τ	Zeitkonstante	s
L	Induktivität	H, Vs/A, Ωs
R	Wirkwiderstand des Stromkreises	Ω
U	Betrag der angelegten Gleichspannung	V
u_R, u_L	Augenblickswert der Teilspannung	V
i	Augenblickswert des Stromes	A
I, i_{max}	Höchstwert des Gleichstromes	A
t	Zeit (nach dem Schaltvorgang t_1 und t_2)	s
e	Eulersche Zahl 2,71828	–

16 Leistung und Arbeit im Wechselstromkreis

wattage and work in alternating current circuit

Zeigerdiagramm der Leistungen

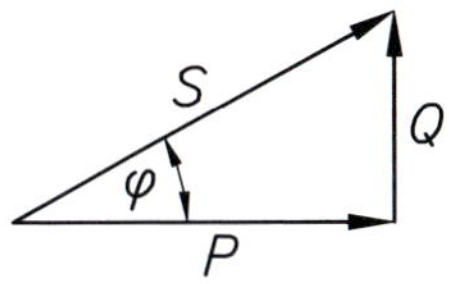

oder

Leistungsdreieck

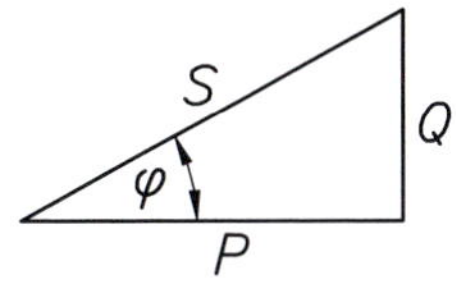

$S^2 = P^2 + Q^2$ $\quad S = \sqrt{P^2 + Q^2}$ $\quad S = \frac{P}{\cos\varphi}$ $\quad S = \frac{Q}{\sin\varphi}$

$S = U \cdot I$ $\quad U = \frac{S}{I}$ $\quad I = \frac{S}{U}$

$\cos\varphi = \frac{P}{S}$ $\quad \sin\varphi = \frac{Q}{S}$ $\quad \tan\varphi = \frac{Q}{P}$

$P = U \cdot I \cdot \cos\varphi$ $\quad P = S \cdot \cos\varphi$ $\quad P = \frac{Q}{\tan\varphi}$ $\quad P = \sqrt{S^2 - Q^2}$

$Q = U \cdot I \cdot \sin\varphi$ $\quad Q = S \cdot \sin\varphi$ $\quad Q = P \cdot \tan\varphi$ $\quad Q = \sqrt{S^2 - P^2}$

$W = P \cdot t$ $\quad W = U \cdot I \cdot \cos\varphi \cdot t$

$U = \frac{P}{I \cdot \cos\varphi}$ $\quad U = \frac{Q}{I \cdot \sin\varphi}$

$U_W = U \cdot \cos\varphi$ $\quad U_b = U \cdot \sin\varphi$

$I = \frac{P}{U \cdot \cos\varphi}$ $\quad I = \frac{Q}{U \cdot \sin\varphi}$

$I_W = I \cdot \cos\varphi$ $\quad I_b = I \cdot \sin\varphi$

Zeichen	Bedeutung	Einheit
S	Scheinleistung	VA
P	Wirkleistung	W
Q	Blindleistung	var
U	Klemmenspannung	V
U_w	Wirkspannung	V
U_b	Blindspannung	V
I	Scheinstrom, Gesamtstrom	A
I_w	Wirkstrom	A
I_b	Blindstrom	A
W	Elektrische Arbeit	Wh
t	Zeit	h
$\sphericalangle\varphi$	Phasenverschiebungswinkel	°
$\cos\varphi$	Wirkleistungsfaktor	–
$\sin\varphi$	Blindleistungsfaktor	–
$\tan\varphi$	Verlustfaktor	–

17 Spule im Wechselstromkreis

coil in alternating current circuit

17.1 Reihenschaltung von Wirkwiderstand und Induktivität

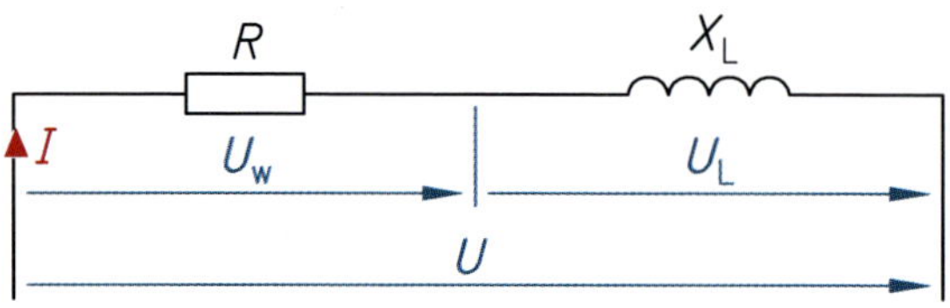

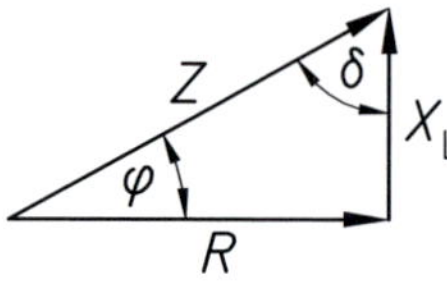

Widerstandsdreieck

$Z^2 = R^2 + X_L^2$ $\quad Z = \sqrt{R^2 + X_L^2}$ $\quad R = \sqrt{Z^2 - X_L^2}$ $\quad X_L = \sqrt{Z^2 - R^2}$

$\cos\varphi = \frac{R}{Z}$ $\quad R = Z \cdot \cos\varphi$ $\quad Z = \frac{R}{\cos\varphi}$

$\sin\varphi = \frac{X_L}{Z}$ $\quad X_L = Z \cdot \sin\varphi$ $\quad Z = \frac{X_L}{\sin\varphi}$

Verlustfaktor

$\tan\delta = \frac{R}{X_L}$

Spulengüte

$Q = \frac{1}{\tan\delta} = \frac{X_L}{R}$

$Z = \frac{U}{I}$ $\quad I = \frac{U}{Z}$ $\quad U = Z \cdot I$

$U^2 = U_W^2 + U_L^2$ $\quad U = \sqrt{U_W^2 + U_L^2}$ $\quad U_W = \sqrt{U^2 - U_L^2}$ $\quad U_L = \sqrt{U^2 - U_W^2}$

$\cos\varphi = \frac{U_W}{U}$ $\quad U_W = U \cdot \cos\varphi$ $\quad U = \frac{U_W}{\cos\varphi}$

$\sin\varphi = \frac{U_L}{U}$ $\quad U_L = U \cdot \sin\varphi$ $\quad U = \frac{U_L}{\sin\varphi}$

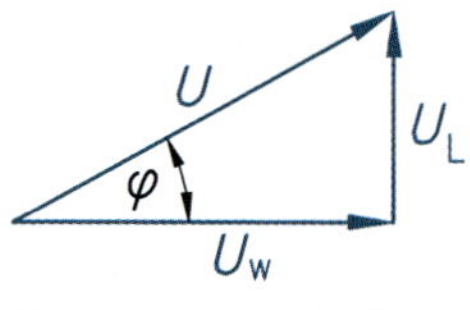

Spannungsdreieck

$U_W = R \cdot I$ $\quad U_L = X_L \cdot I$

Reihenschaltung von Wirkwiderstand und Spule

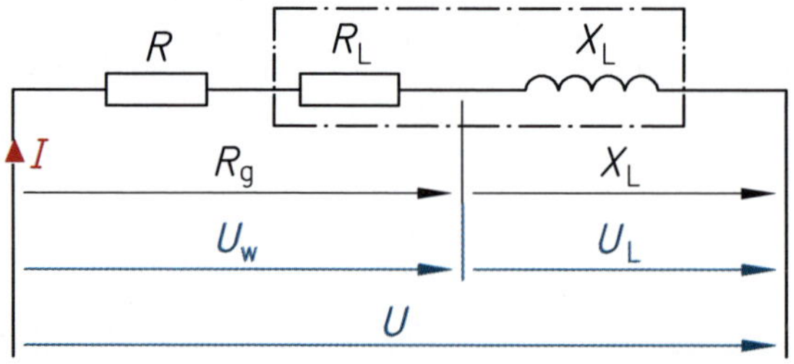

$R_g = R + R_L$

Für alle weiteren Berechnungen siehe „Reihenschaltung von Wirkwiderstand und Induktivität“ auf der vorliegenden Seite.

17 Spule im Wechselstromkreis

coil in alternating current circuit

Zeichen	Bedeutung	Einheit
U	Elektrische Spannung	V
U_w	Wirkspannung	V
U_L	Induktive Blindspannung	V
I	Scheinstrom, Gesamtstrom	A
Z	Scheinwiderstand	Ω
R	Wirkwiderstand	Ω

Zeichen	Bedeutung	Einheit
R_g	Gesamtwirkwiderstand	Ω
R_L	Wirkwiderstand der Spule	Ω
X_L	Induktiver Blindwiderstand	Ω
$\cos\varphi$	Wirkleistungsfaktor	–
$\sin\varphi$	Blindleistungsfaktor	–
$\tan\varphi$	Verlustfaktor	–

17.2 Parallelschaltung von Wirkwiderstand und induktivem Blindwiderstand

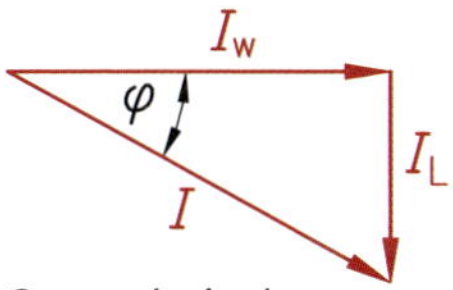

Stromdreieck

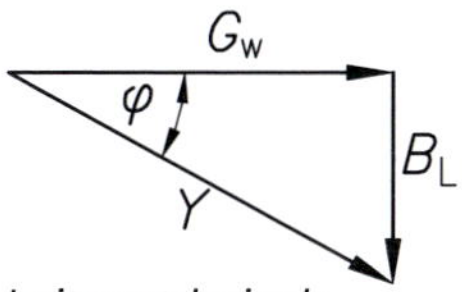

Leitwertdreieck

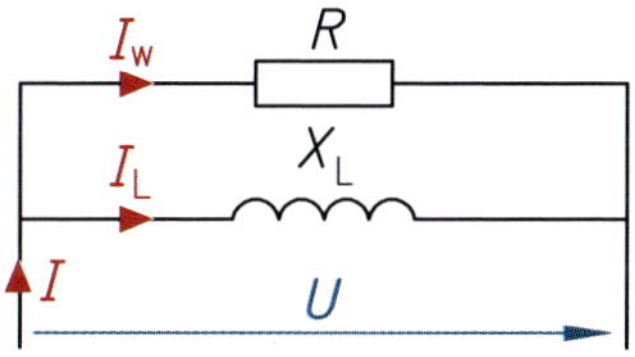

$$I^2 = I_w^2 + I_L^2 \qquad I = \sqrt{I_w^2 + I_L^2} \qquad I_w = \sqrt{I^2 - I_L^2} \qquad I_L = \sqrt{I^2 - I_w^2}$$

$$\cos\varphi = \frac{I_w}{I} \qquad I = \frac{I_w}{\cos\varphi} \qquad I_w = I \cdot \cos\varphi$$

$$\sin\varphi = \frac{I_L}{I} \qquad I = \frac{I_L}{\sin\varphi} \qquad I_L = I \cdot \sin\varphi$$

$$\tan\varphi = \frac{I_L}{I_w} \qquad I_w = \frac{I_L}{\tan\varphi} \qquad I_L = I_w \cdot \tan\varphi$$

$$Z = \frac{U}{I} \qquad Y^2 = G^2 + B_L^2 \qquad Y = \sqrt{G^2 + B_L^2} \qquad \frac{1}{Z} = \sqrt{\frac{1}{R^2} + \frac{1}{X_L^2}}$$

Zeichen	Bedeutung	Einheit
U	Elektrische Spannung	V
I	Scheinstrom, Gesamtstrom	A
I_w	Wirkstrom	A
I_L	Induktiver Blindstrom	A
Z	Scheinwiderstand	Ω
R	Wirkwiderstand	Ω

Zeichen	Bedeutung	Einheit
X_L	Induktiver Blindwiderstand	Ω
Y	Scheinleitwert	S
G	Wirkleitwert	S
B_L	Induktiver Blindleitwert	S
$\cos\varphi$	Wirkleistungsfaktor	–
$\sin\varphi$	Blindleistungsfaktor	–

18 Kondensator
capacitor

18.1 Kondensator im Gleichstromkreis

$Q = U \cdot C$ $\quad C = \frac{Q}{U}$ $\quad U = \frac{Q}{C}$ $\quad E = \frac{U}{a}$

$Q = I \cdot t$ $\quad I = \frac{Q}{t}$ $\quad t = \frac{Q}{I}$ $\quad E = \frac{F}{Q}$ $\quad F = E \cdot Q$ $\quad Q = \frac{F}{E}$

Energie des elektrischen Feldes eines Kondensators

$$W_c = \frac{U_c^2 \cdot C}{2}$$

Kapazität des Kondensators

$$C = \frac{\varepsilon_0 \cdot \varepsilon_r \cdot A}{a}$$

$\varepsilon = \varepsilon_0 \cdot \varepsilon_r$ $\quad \varepsilon_0 = 8{,}85 \cdot 10^{-12}\,\frac{\text{F}}{\text{m}}$

Reihenschaltung von Kondensatoren

$$\frac{1}{C} = \frac{1}{C_1} + \frac{1}{C_2} + \frac{1}{C_3} + \cdots$$

$$U = U_1 + U_2 + U_3 + \ldots$$

Für 2 Kondensatoren: $C = \frac{C_1 \cdot C_2}{C_1 + C_2}$ $\quad C_1 = \frac{C_2 \cdot C}{C_2 - C}$

Parallelschaltung von Kondensatoren

$C = C_1 + C_2 + C_3 + \ldots$ $\quad C_1 = C - C_2 - C_3 - \ldots$ $\quad I_c = I_1 + I_2 + I_3 + \ldots$

Zeichen	Bedeutung	Einheit
E	Elektrische Feldstärke	V/m
Q	Elektrizitätsmenge, elektrische Ladung	C (Coulomb), As
$C, C_1, C_2 \ldots$	Elektrische Kapazität, Einzelkapazitäten	F, (A · s)/V, s/Ω
U, U_c	Elektrische Spannung, Spannung am Kondensator	V
$U_1, U_2, \ldots$	Teilspannungen	V
I_c	Kapazitiver Blindstrom	A
$I_1, I_2 \ldots$	Teilströme	A
t	Zeit	s
F	Kraft im elektrischen Feld	N
W_c	Energie des elektrischen Feldes eines Kondensators	Ws
A	Plattenoberfläche	m²
a	Plattenabstand	m
$\varepsilon, \varepsilon_0$	Permittivität, Elektrische Feldkonstante	F/m, (A · s)/(V · m)
ε_r	Permittivitätszahl	–

Einheiten (Umformung)
1 F = 1 C/V = 1 As/V = 1 $\text{A}^2\text{s/W}$ = 1 $\text{A}^2\text{s}^2\text{/J}$, 1 C (Coulomb) = 1 As

18.2 Ladung und Entladung eines Kondensators

Zeitkonstante

$\tau = R \cdot C$

Nach einer Zeitkonstanten τ ist $U_C \approx 63\ \%$ von U. Nach $t = 5 \cdot \tau$ ist ungefähr die volle Ladespannung des Kondensators erreicht.

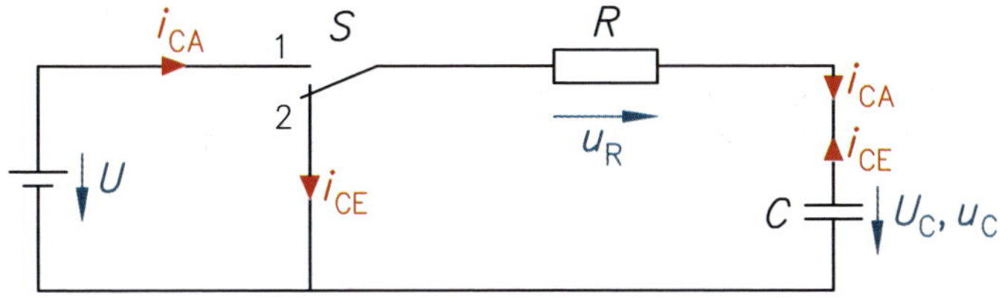

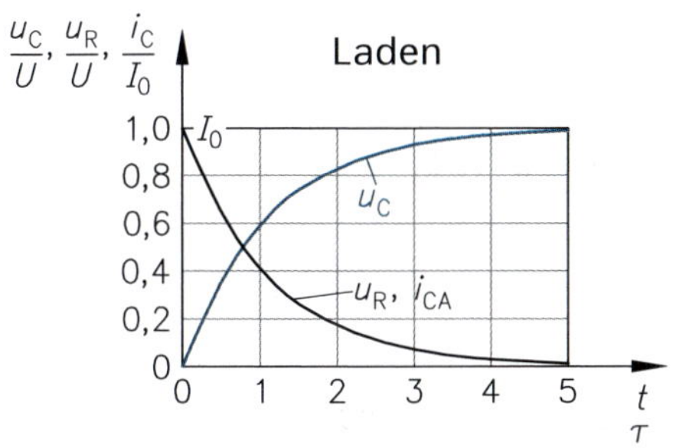

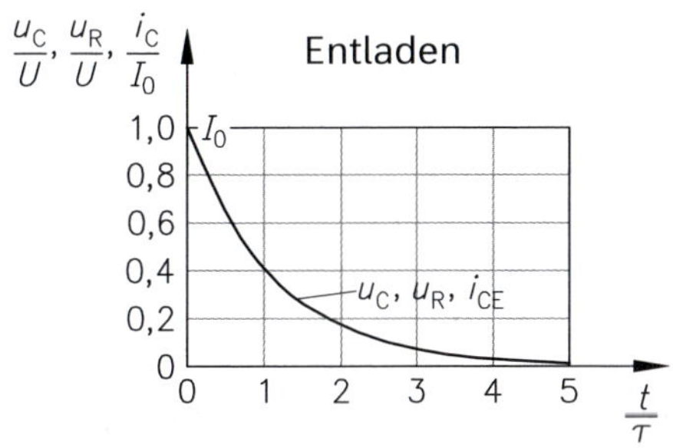

$t = 0$, Umschaltung von 2 → 1

$$I_0 = \frac{U}{R}$$

$$u_C = U \cdot \left(1 - e^{-\frac{t}{\tau}}\right) \qquad t = -\tau \cdot \ln\left(1 - \frac{u_C}{U}\right)$$

$$i_{CA} = I_0 \cdot e^{-\frac{t}{\tau}} \qquad t = -\tau \cdot \ln\left(\frac{i_{CA}}{I_0}\right)$$

$t = 0$, Umschaltung von 1 → 2

$$I_0 = \frac{U_C}{R}$$

$$u_C = U_C \cdot e^{-\frac{t}{\tau}} \qquad t = -\tau \cdot \ln\left(\frac{u_C}{U}\right)$$

$$i_{CE} = I_0 \cdot e^{-\frac{t}{\tau}} \qquad t = -\tau \cdot \ln\left(\frac{i_{CE}}{I_0}\right)$$

Zeichen	Bedeutung	Einheit
C	Elektrische Kapazität	F, (A · s)/V, s/Ω
R	Wirkwiderstand	Ω
τ	Zeitkonstante	s
U	Elektrische Spannung der Quelle	V
u_C	Momentanwert der Kondensatorspannung	V
i_{CA}	Momentanwert des Kondensatorstromes bei der Aufladung	A
i_{CE}	Momentanwert des Kondensatorstromes bei der Entladung	A
I_0	Anfangswert des Stromes	A
U_C	Höchstwert der Kondensatorspannung	V
u_R	Spannung am Widerstand	V
e	Eulersche Zahl 2,71828	–
t	zeitlicher Moment zu dem ein bestimmter Ladezustand herrscht	s

18.3 Kondensator im Wechselstromkreis

$$X_C = \frac{1}{\omega \cdot C}$$ $$X_C = \frac{1}{2 \cdot \pi \cdot f \cdot C}$$ $$C = \frac{1}{\omega \cdot X_C}$$ $$f = \frac{1}{2 \cdot \pi \cdot C \cdot X_C}$$

$$I_C = \frac{U_C}{X_C}$$ $$I_C = U_C \cdot \omega \cdot C$$ $$U_C = I_C \cdot X_C$$ $$U_C = \frac{Q_C}{I_C}$$

$$Q_C = U_C \cdot I_C$$ $$Q_C = \frac{U_C^2}{X_C}$$ $$Q_C = I_C^2 \cdot X_C$$

$$Q_C = U_C^2 \cdot \omega \cdot C$$ $$C = \frac{Q_C}{U_C^2 \cdot \omega}$$

Funkenlöschung

Die Energie des zusammenbrechenden Feldes einer Spule muss gleich der Energie des Kondensators sein.

$$W_L = W_C$$ $$C = \frac{L \cdot I^2}{U^2}$$

Zeichen	Bedeutung	Einheit
U	Elektrische Spannung	V
U_C	Kapazitive Blindspannung	V
I	Elektrische Stromstärke	A
I_C	Kapazitiver Blindstrom	A
X_C	Kapazitiver Blindwiderstand	Ω
f	Frequenz	Hz, s^{-1}
C	Elektrische Kapazität	F, (A · s)/V, s/Ω
ω	Kreisfrequenz	s^{-1}
Q_C	Kapazitive Blindleistung	var
L	Induktivität	H, (V · s)/A
W_L	Energie des magnetischen Feldes der Spule	Ws
W_C	Energie des elektrischen Feldes des Kondensators	Ws

Einheit (Umformung)
1 H = 1 Vs/A = 1 Wb/A

18.4 Reihenschaltung von Kondensator und Wirkwiderstand

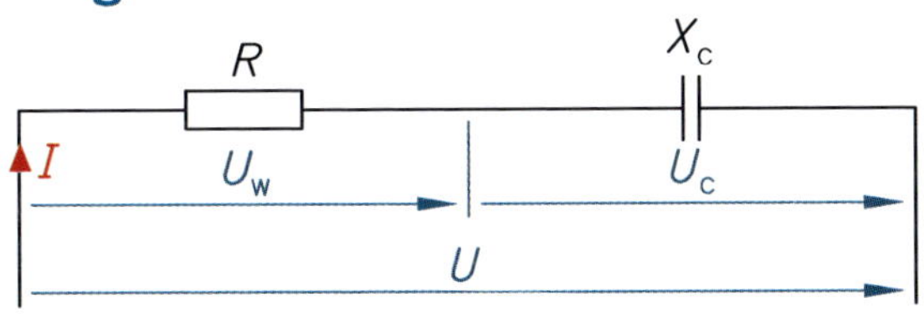

$Z^2 = R^2 + X_C^2$ | $Z = \sqrt{R^2 + X_C^2}$ | $R = \sqrt{Z^2 - X_C^2}$ | $X_C = \sqrt{Z^2 - R^2}$

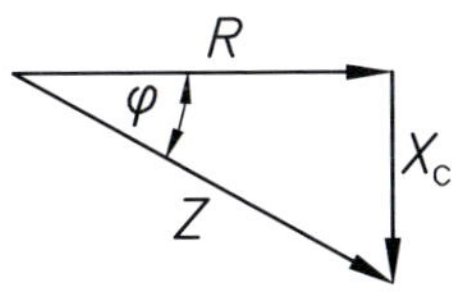

Widerstandsdreieck

$Z = \frac{U}{I}$ | $I = \frac{U}{Z}$ | $U = I \cdot Z$

$\cos\varphi = \frac{R}{Z}$ | $Z = \frac{R}{\cos\varphi}$ | $R = Z \cdot \cos\varphi$

$\sin\varphi = \frac{X_C}{Z}$ | $Z = \frac{X_C}{\sin\varphi}$ | $X_C = Z \cdot \sin\varphi$

$\tan\varphi = \frac{X_C}{R}$ | $R = \frac{X_C}{\tan\varphi}$ | $X_C = R \cdot \tan\varphi$

$U^2 = U_w^2 + U_C^2$ | $U = \sqrt{U_w^2 + U_C^2}$ | $U_w = \sqrt{U^2 - U_C^2}$ | $U_C = \sqrt{U^2 - U_w^2}$

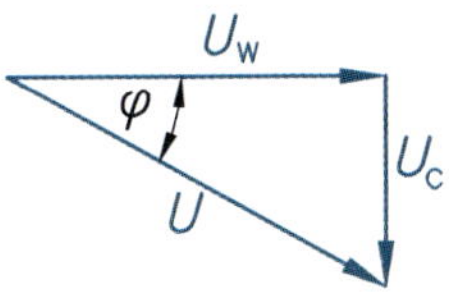

Spannungsdreieck

$U = I \cdot Z$

$\cos\varphi = \frac{U_w}{U}$ | $U = \frac{U_w}{\cos\varphi}$ | $U_w = U \cdot \cos\varphi$

$\sin\varphi = \frac{U_C}{U}$ | $U = \frac{U_C}{\sin\varphi}$ | $U_C = U \cdot \sin\varphi$

$\tan\varphi = \frac{U_C}{U_w}$ | $U_w = \frac{U_C}{\tan\varphi}$ | $U_C = U_w \cdot \tan\varphi$

Zeichen	Bedeutung	Einheit
U	Klemmenspannung	V
U_W	Wirkspannung	V
U_C	Kapazitive Blindspannung	V
I	Scheinstrom, Gesamtstrom	A
Z	Scheinwiderstand	Ω
R	Wirkwiderstand, ohmscher Widerstand	Ω
X_C	Kapazitiver Blindwiderstand	Ω
$\cos\varphi$	Wirkleistungsfaktor	–
$\sin\varphi$	Blindleistungsfaktor	–
$\tan\varphi$	Verlustfaktor	–

18.5 Parallelschaltung von Kondensator und Wirkwiderstand

Strom-
dreieck

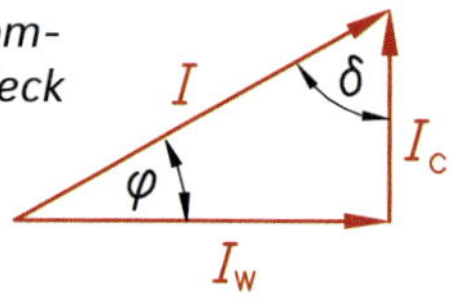

Leitwert-
dreieck

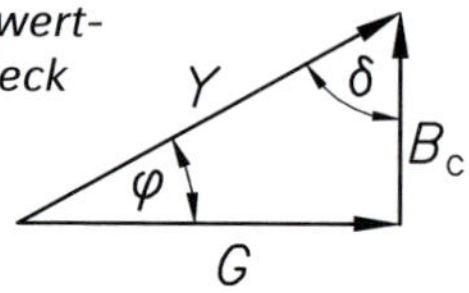

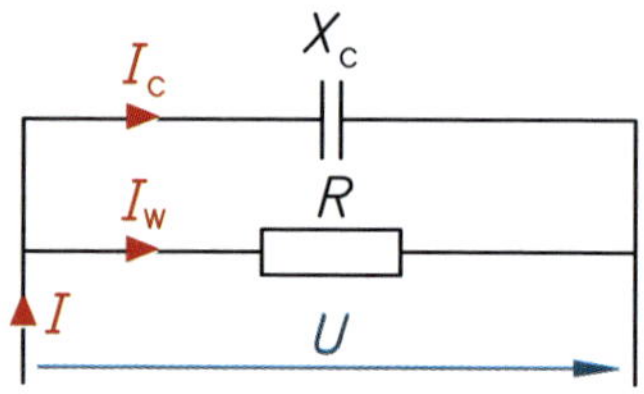

$I^2 = I_w^2 + I_c^2$	$I = \sqrt{I_w^2 + I_c^2}$	$I_w = \sqrt{I^2 - I_c^2}$	$I_c = \sqrt{I^2 - I_w^2}$
$\cos\varphi = \frac{I_w}{I}$	$I = \frac{I_w}{\cos\varphi}$	$I_w = I \cdot \cos\varphi$	
$\sin\varphi = \frac{I_c}{I}$	$I = \frac{I_c}{\sin\varphi}$		$I_c = I \cdot \sin\varphi$
$\tan\varphi = \frac{I_c}{I_w}$		$I_w = \frac{I_c}{\tan\varphi}$	$I_c = I_w \cdot \tan\varphi$
$Z = \frac{U}{I}$	$\frac{1}{Z} = \sqrt{\frac{1}{R^2} + \frac{1}{X_c^2}}$	$\frac{1}{R} = \frac{1}{Z} \cdot \cos\varphi$	$\frac{1}{X_c} = \frac{1}{Z} \cdot \sin\varphi$
$Y^2 = G^2 + B_c^2$	$Y = \sqrt{G^2 + B_c^2}$	$G = Y \cdot \cos\varphi$	$B_c = Y \cdot \sin\varphi$
$Y = \frac{1}{Z}$		$G = \frac{1}{R}$	$B_c = \frac{1}{X_c}$

Verlustbehafteter Kondensator, Verlustfaktor

$\delta = 90° - \varphi$ $\quad d = \tan\delta$ $\quad Q = \frac{1}{d}$ $\quad \tan\delta = \frac{1}{Q_c}$

$\tan\delta = \frac{I_w}{I_c}$ $\quad \tan\delta = \frac{X_c}{R}$

Einheit (Umformung) 1 S = 1/Ω = 1 A/V

Zeichen	Bedeutung	Einheit
U	Klemmenspannung	V
I, I_w, I_c	Scheinstrom/Gesamtstrom, Wirkstrom, Kapazitiver Blindstrom	A
Z	Scheinwiderstand	Ω
R	Wirkwiderstand, ohmscher Widerstand	Ω
X_c	Kapazitiver Blindwiderstand	Ω
Y	Scheinleitwert	S
G	Wirkleitwert	S
B_c	Kapazitiver Blindleitwert	S
$\cos\varphi$, $\sin\varphi$	Wirkleistungsfaktor, Blindleistungsfaktor	–
$\sphericalangle\varphi$	Phasenverschiebungswinkel	° (Grad)
d, $\tan\delta$	Verlustfaktor	–
$\sphericalangle\delta$	Verlustwinkel	° (Grad)
Q	Gütefaktor	–
Q_c	Kapazitive Blindleistung	var
P	Wirkleistung	W

19 Schaltung von Wirkwiderstand, induktivem und kapazitivem Blindwiderstand

connection of effective resistance, inductive and capacitve reactance

19.1 Reihenschaltung (Schaltung mit induktivem Verhalten, $U_L > U_C$, $X_L > X_C$)

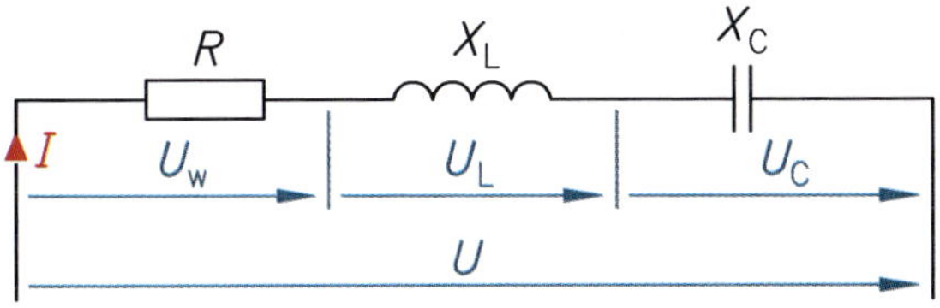

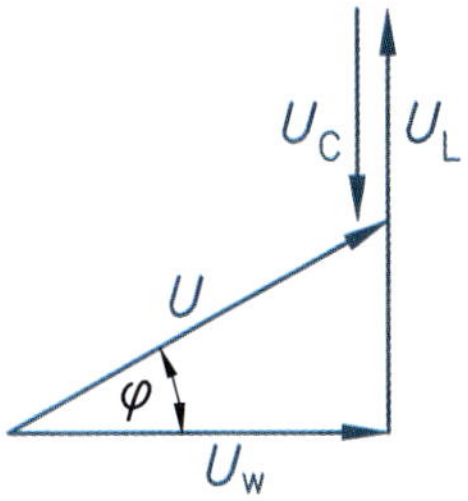

$$U = \sqrt{U_w^2 + (U_L - U_C)^2}$$

$$\cos\varphi = \frac{U_w}{U} \qquad U = \frac{U_w}{\cos\varphi} \qquad U_w = U \cdot \cos\varphi$$

$$\sin\varphi = \frac{U_L - U_C}{U} \qquad \tan\varphi = \frac{U_L - U_C}{U_w}$$

$$U_w = \sqrt{U^2 - (U_L - U_C)^2} \qquad U_L = \sqrt{U^2 - U_w^2} + U_C \qquad U_C = U_L - \sqrt{U^2 - U_w^2}$$

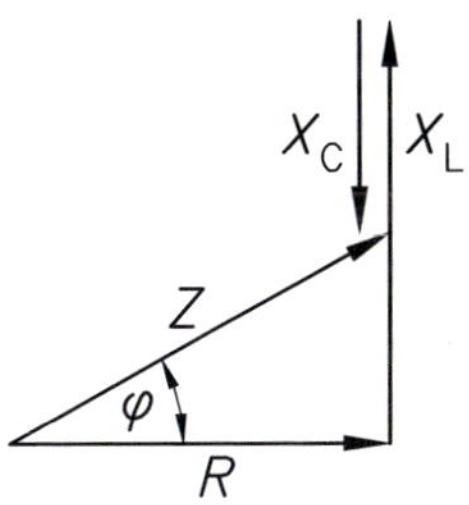

$$Z^2 = R^2 + (X_L - X_C)^2 \qquad Z = \sqrt{R^2 + (X_L - X_C)^2}$$

$$\cos\varphi = \frac{R}{Z} \qquad Z = \frac{R}{\cos\varphi} \qquad R = Z \cdot \cos\varphi$$

$$\sin\varphi = \frac{X_L - X_C}{Z} \qquad \tan\varphi = \frac{X_L - X_C}{R}$$

$$R = \sqrt{Z^2 - (X_L - X_C)^2} \qquad X_L = \sqrt{Z^2 - R^2} + X_C \qquad X_C = X_L - \sqrt{Z^2 - R^2}$$

Anmerkung:
Bei Schaltungen mit kapazitivem Verhalten sind U_L mit U_C und X_L mit X_C in den Klammern zu vertauschen!

Zeichen	Bedeutung	Einheit
U	Klemmenspannung	V
U_W	Wirkspannung	V
U_L	Blindspannung induktiv	V
U_C	Blindspannung kapazitiv	V
I	Scheinstrom, Gesamtstrom	A
Z	Scheinwiderstand	Ω
R	Wirkwiderstand	Ω
X_L	Induktiver Blindwiderstand	Ω
X_C	Kapazitiver Blindwiderstand	Ω
$\cos\varphi$	Wirkleistungsfaktor	–
$\sin\varphi$	Blindleistungsfaktor	–
$\tan\varphi$	Verlustfaktor	–

19 Schaltung von Wirkwiderstand, induktivem und kapazitivem Blindwiderstand

connection of effective resistance, inductive and capacitve reactance

19.2 Parallelschaltung von Wirkwiderstand, induktivem und kapazitivem Blindwiderstand (Schaltung mit induktivem Verhalten, $I_L > I_C$, $B_L > B_C$)

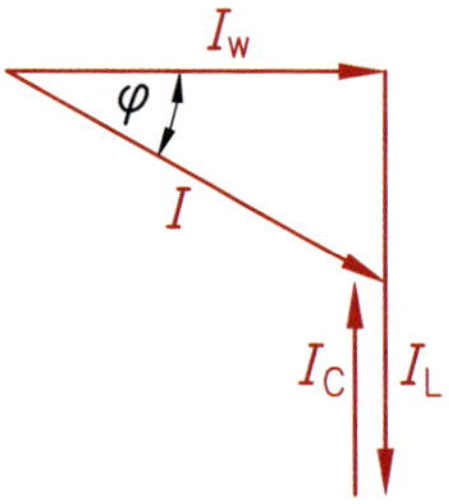

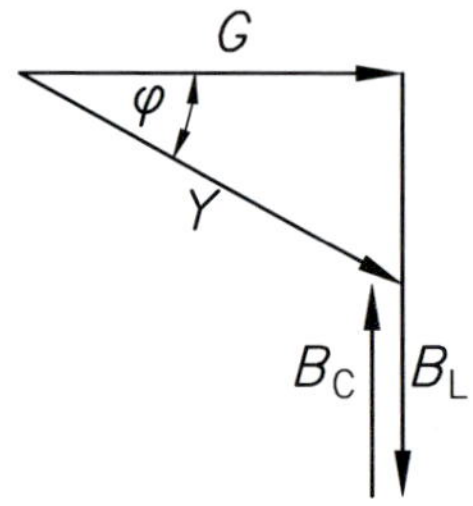

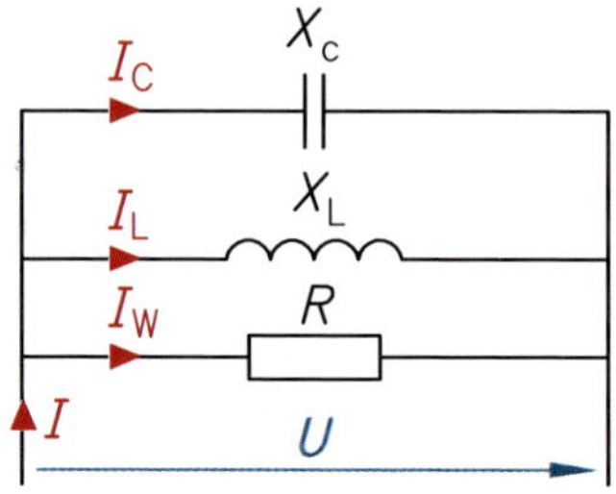

$$I^2 = I_W^2 + (I_L - I_C)^2$$

$$I = \sqrt{I_W^2 + (I_L - I_C)^2}$$

$$I_W = \sqrt{I^2 - (I_L - I_C)^2}$$

$$I_L = \sqrt{I^2 - I_W^2} + I_C$$

$$I_C = I_L - \sqrt{I^2 - I_W^2}$$

$$\sin\varphi = \frac{I_L - I_C}{I}$$

$$\cos\varphi = \frac{I_W}{I}$$

$$I = \frac{I_W}{\cos\varphi}$$

$$I_W = I \cdot \cos\varphi$$

$$\tan\varphi = \frac{I_L - I_C}{I_W}$$

$$Z = \frac{U}{I}$$

$$I = \frac{U}{Z}$$

$$U = I \cdot Z$$

$$Y^2 = G^2 + (B_L - B_C)^2$$

$$Y = \frac{1}{Z} \qquad G = \frac{1}{R} \qquad B_L = \frac{1}{X_L} \qquad B_C = \frac{1}{X_C}$$

$$Y = \sqrt{G^2 + (B_L - B_C)^2}$$

$$G = \sqrt{Y^2 - (B_L - B_C)^2}$$

$$B_L = \sqrt{Y^2 - G^2} + B_C$$

$$B_C = B_L - \sqrt{Y^2 - G^2}$$

$$\left(\frac{1}{Z}\right)^2 = \left(\frac{1}{R}\right)^2 + \left(\frac{1}{X}\right)^2$$

$$\frac{1}{X} = \frac{1}{X_L} - \frac{1}{X_C}$$

$$\frac{1}{Z} = \sqrt{\left(\frac{1}{R}\right)^2 + \left(\frac{1}{X}\right)^2}$$

Anmerkung:

Bei Schaltungen mit kapazitivem Verhalten sind I_L mit I_C und B_L mit B_C in den Klammern zu vertauschen!

Zeichen	Bedeutung	Einheit
U	Elektrische Spannung	V
I	Scheinstrom, Gesamtstrom	A
I_W	Wirkstrom	A
I_L, I_C	Induktiver, Kapazitiver Blindstrom	A
Z	Scheinwiderstand	Ω
R	Wirkwiderstand	Ω
X	Blindwiderstand	Ω
X_L, X_C	Induktiver, Kapazitiver Blindwiderstand	Ω
Y	Scheinleitwert	S
G	Wirkleitwert	S
B_L, B_C	Induktiver, Kapazitiver Blindleitwert	S
cos φ	Wirkleistungsfaktor	–
sin φ	Blindleistungsfaktor	–
tan φ	Verlustfaktor	–

20 Resonanz

resonance

Reihenresonanz – Spannungsresonanz

Bedingung:

$X_L = X_C$ $\qquad$ $U_L = U_C$

Parallelresonanz – Stromresonanz

Bedingung:

$\frac{1}{X_L} = \frac{1}{X_C}$ $\qquad$ $I_L = I_C$

Resonanzfrequenz

$$f_{res} = \frac{1}{2 \cdot \pi \cdot \sqrt{L \cdot C}}$$

$$L = \frac{1}{4 \cdot \pi^2 \cdot f_{res}^2 \cdot C}$$

$$C = \frac{1}{4 \cdot \pi^2 \cdot f_{res}^2 \cdot L}$$

Zeichen	Bedeutung	Einheit
U_L	Induktive Blindspannung	V
U_C	Kapazitive Blindspannung	V
I_L	Induktiver Blindstrom	A
I_C	Kapazitiver Blindstrom	A
X_L	Induktiver Blindwiderstand	Ω
X_C	Kapazitiver Blindwiderstand	Ω
f_{res}	Resonanzfrequenz	Hz
L	Induktivität	H, (V · s)/A
C	Kapazität	F, (A · s)/V

21 Kompensation der induktiven Blindleistung

compensation of inductive reactive power

$$Q_C = P \cdot (\tan\varphi_1 - \tan\varphi_2)$$

$$\tan\varphi_1 = \frac{Q_L}{P}$$

$$Q_C = Q_L - Q$$

$$\tan\varphi_2 = \frac{Q}{P}$$

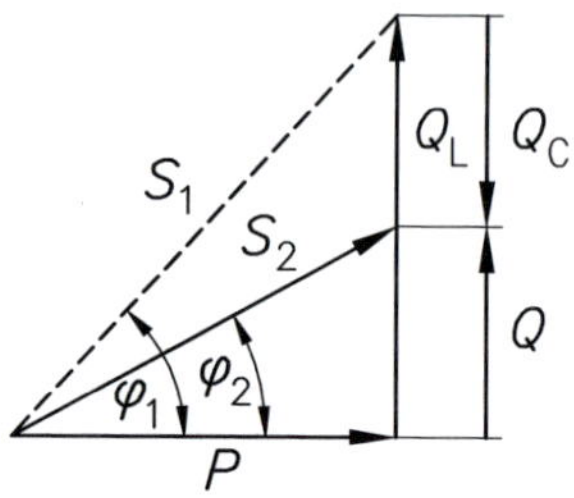

Bei Wechselstrom

$$C = \frac{Q_C}{U^2 \cdot \omega}$$

(Näherungsformeln)
Bei 230 V 50 Hz:
$C \approx 60\ Q_C$ (Q_C in kvar) in µF

Bei Drehstrom

je Strang in Δ-Schaltung

$$Q_{C\,Str} = \frac{Q_C}{3}$$

$$C_{Str} = \frac{Q_{C\,Str}}{U^2 \cdot \omega}$$

(Näherungsformeln)
Bei 400 V 50 Hz:
$C \approx 20\ Q_C$ (Q_C in kvar) in µF

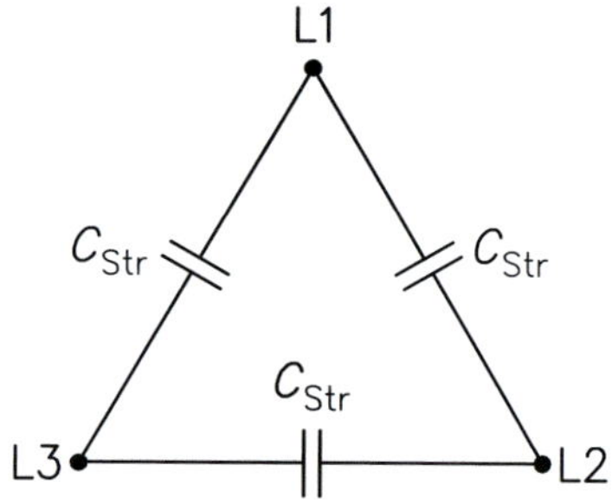

Zeichen	Bedeutung	Einheit
U	Elektrische Leiterspannung	V
P	Aufgenommene Wirkleistung	W
Q_L	Induktive Blindleistung	var
Q_C	Kondensatorblindleistung	var
Q	Blindleistung nach der Kompensation	var
S_1	Scheinleistung vor der Kompensation	VA
S_2	Scheinleistung nach der Kompensation	VA
$Q_{C\,Str}$	Kapazitive Blindleistung je Strang	var
C_{Str}	Kondensatorkapazität je Strang	F, (A · s)/V
C	Kondensatorkapazität	F, (A · s)/V
$\sphericalangle\varphi_1$	Phasenverschiebungswinkel vor der Kompensation	°
$\sphericalangle\varphi_2$	Phasenverschiebungswinkel nach der Kompensation	°
ω	Kreisfrequenz	s^{-1}

22 Kompensation einer Duo-Lampenschaltung

compensation of a duo-lamp circuit

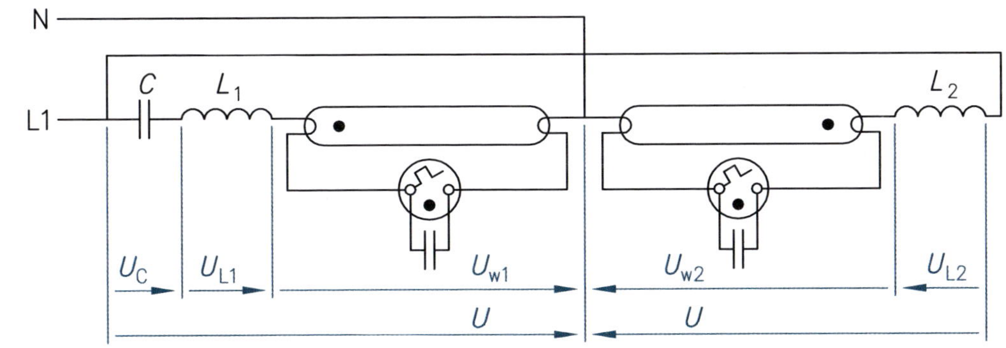

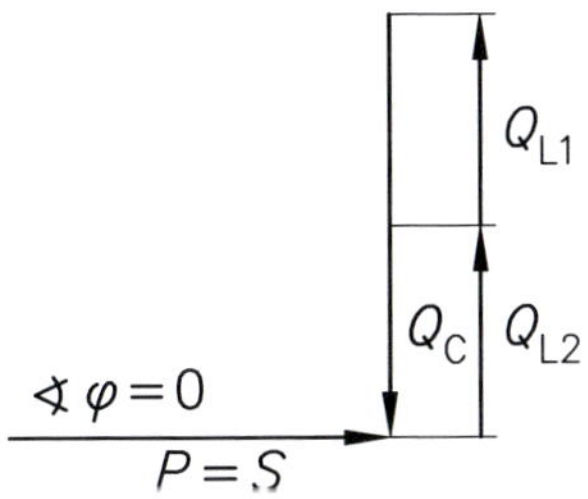

$Q_C \triangleq Q_{L1} + Q_{L2}$ $\cos\varphi_1 \approx \cos\varphi_2$

$$Q_C = P(\tan\varphi_1 + \tan\varphi_2)$$

$$C = \frac{Q_C}{U_C^2 \cdot \omega}$$

Kompensation auf $\cos\varphi = 1$

Bei der Duo-Schaltung ist die induktive Blindleistung beider Spulen gleich der kapazitiven Blindleistung des Kondensators.

Die Angaben der Hersteller von Vorschaltgeräten sind zu beachten, da die Kondensatorspannung unterschiedlich ausgelegt ist.

Zeichen	Bedeutung	Einheit
U	Elektrische Spannung	V
U_C	Kapazitive Blindspannung	V
U_{L1}, U_{L2}	Induktive Blindspannung	V
U_{W1}, U_{W2}	Wirkspannung	V
P	Wirkleistung	W
Q_C	Kondensatorblindleistung	var
Q_{L1}, Q_{L2}	Induktive Blindleistung	var
S_1	Scheinleistung vor der Kompensation	VA
S_2	Scheinleistung nach der Kompensation	VA
C	Kondensatorkapazität	F, (A · s)/V, s/Ω
$\sphericalangle\varphi_1$	Phasenverschiebungswinkel des induktiven Zweiges	°
$\sphericalangle\varphi_2$	Phasenverschiebungswinkel des kapazitiven Zweiges	°
ω	Kreisfrequenz	s^{-1}
S	Scheinleistung	VA

23 Drehstrom

three-phase current

23.1 Sternschaltung (symmetrisch-ohmsche Belastung, cos φ = 1)

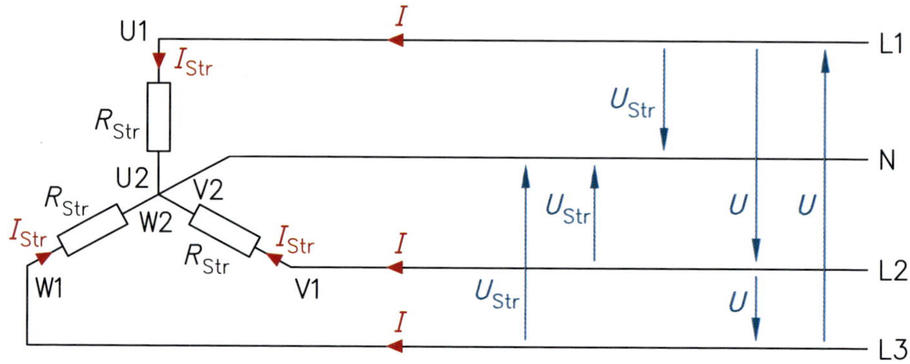

$$I = I_{Str} = \frac{U_{Str}}{R_{Str}} \qquad U_{Str} = I_{Str} \cdot R_{Str} \qquad R_{Str} = \frac{U_{Str}}{I_{Str}}$$

$$P_{Str} = U_{Str} \cdot I_{Str} \qquad U_{Str} = \frac{P_{Str}}{I_{Str}} \qquad I_{Str} = \frac{P_{Str}}{U_{Str}}$$

$$P = \sqrt{3} \cdot U \cdot I \qquad U = \frac{P}{\sqrt{3} \cdot I} \qquad I = \frac{P}{\sqrt{3} \cdot U}$$

$$U = \sqrt{3} \cdot U_{Str} \qquad U_{Str} = \frac{U}{\sqrt{3}}$$

$$P = 3 \cdot P_{Str} \qquad P = 3 \cdot U_{Str} \cdot I_{Str}$$

$$W = P \cdot t \qquad W = \sqrt{3} \cdot U \cdot I \cdot t$$

Zeichen	Bedeutung	Einheit
U	Außenleiterspannung	V
U_{Str}	Strangspannung	V
I	Außenleiterstrom	A
I_{Str}	Strangstrom	A
R_{Str}	Strangwiderstand	Ω
P_{Str}	Strangleistung	W
P	Gesamtwirkleistung	W
W	Elektrische Arbeit	Wh
t	Zeit	h

23.2 Dreieckschaltung (symmetrisch-ohmsche Belastung, cos φ = 1)

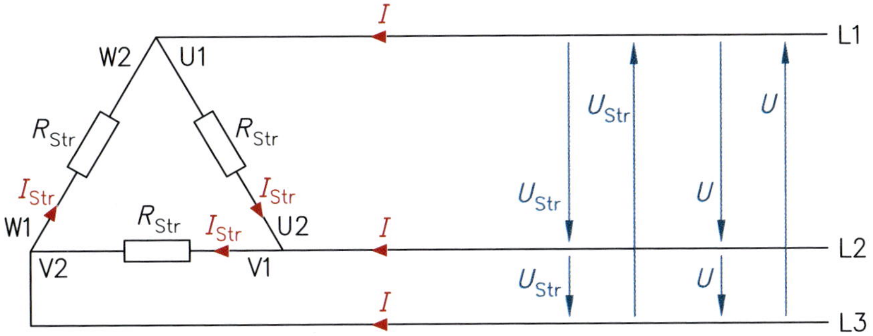

$I = \sqrt{3} \cdot I_{Str}$ $\quad I_{Str} = \frac{I}{\sqrt{3}}$ $\quad I_{Str} = \frac{U_{Str}}{R_{Str}}$ $\quad U = U_{Str}$ $\quad U_{Str} = I_{Str} \cdot R_{Str}$

$P_{Str} = U_{Str} \cdot I_{Str}$ $\quad U_{Str} = \frac{P_{Str}}{I_{Str}}$ $\quad I_{Str} = \frac{P_{Str}}{U_{Str}}$ $\quad P = 3 \cdot P_{Str}$ $\quad P = 3 \cdot U_{Str} \cdot I_{Str}$

$P = \sqrt{3} \cdot U \cdot I$ $\quad U = \frac{P}{\sqrt{3} \cdot I}$ $\quad I = \frac{P}{\sqrt{3} \cdot U}$ $\quad W = P \cdot t$ $\quad W = \sqrt{3} \cdot U \cdot I \cdot t$

Zeichen	Bedeutung	Einheit
U	Außenleiterspannung	V
U_{Str}	Strangspannung	V
I	Außenleiterstrom	A
I_{Str}	Strangstrom	A
R_{Str}	Strangwiderstand	Ω
P_{Str}	Strangleistung	W
P	Gesamtwirkleistung	W
W	Elektrische Arbeit	Wh
t	Zeit	h

23.3 Leistung des Drehstroms (symmetrische gemischte Belastung, φ ≠ 0)

$S = \sqrt{3} \cdot U \cdot I$ $\quad U = \frac{S}{\sqrt{3} \cdot I}$ $\quad I = \frac{S}{\sqrt{3} \cdot U}$

$S = \sqrt{P^2 + Q^2}$ $\quad S = \frac{P}{\cos\varphi}$ $\quad S = \frac{Q}{\sin\varphi}$

$P = \sqrt{3} \cdot U \cdot I \cdot \cos\varphi$ $\quad U = \frac{P}{\sqrt{3} \cdot I \cdot \cos\varphi}$ $\quad I = \frac{P}{\sqrt{3} \cdot U \cdot \cos\varphi}$ $\quad \cos\varphi = \frac{P}{\sqrt{3} \cdot U \cdot I}$

$P = S \cdot \cos\varphi$ $\quad P = \sqrt{S^2 - Q^2}$ $\quad \cos\varphi = \frac{P}{S}$

$Q = \sqrt{3} \cdot U \cdot I \cdot \sin\varphi$ $\quad U = \frac{Q}{\sqrt{3} \cdot I \cdot \sin\varphi}$ $\quad I = \frac{Q}{\sqrt{3} \cdot U \cdot \sin\varphi}$

$Q = S \cdot \sin\varphi$ $\quad Q = \sqrt{S^2 - P^2}$ $\quad Q = P \cdot \tan\varphi$ $\quad \sin\varphi = \frac{Q}{S}$ $\quad \tan\varphi = \frac{Q}{P}$

23.4 Arbeit des Drehstroms

$W = \sqrt{3} \cdot U \cdot I \cdot \cos\varphi \cdot t$ $\qquad W = P \cdot t$

Zeichen	Bedeutung	Einheit
U	Außenleiterspannung	V
I	Außenleiterstrom	A
S	Scheinleistung	VA
P	Wirkleistung	W
Q	Blindleistung	var
W	Elektrische Arbeit	Wh
t	Zeit	h
$\cos\varphi$	Wirkleistungsfaktor	–
$\sin\varphi$	Blindleistungsfaktor	–
$\tan\varphi$	Verlustfaktor	–

23.5 Ungleichmäßige Belastung des Drehstromnetzes

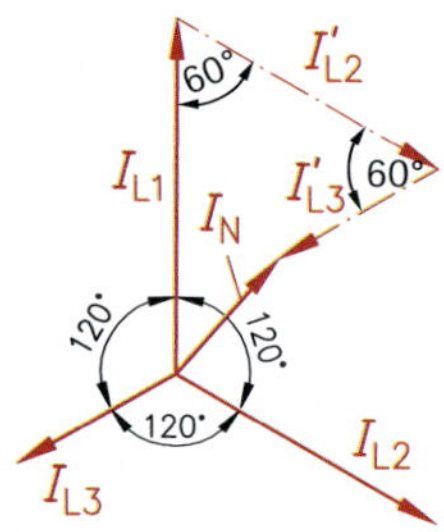

N-Leiter-Strom bei Sternschaltung
(gleichartige Belastung)

$$I_N = \sqrt{0{,}75 \cdot (I_{L2} - I_{L3})^2 + (I_{L1} - 0{,}5 \cdot I_{L2} - 0{,}5 \cdot I_{L3})^2}$$

Bestimmung der Außenleiterströme bei Dreieckschaltung
(gleichartige Belastung)

$$I_{L1} = \sqrt{I_{StrL1,\,L2}^2 + I_{StrL3,\,L1}^2 + I_{StrL1,\,L2} \cdot I_{StrL3,\,L1}}$$

$$I_{L2} = \sqrt{I_{StrL2,\,L3}^2 + I_{StrL1,\,L2}^2 + I_{StrL2,\,L3} \cdot I_{StrL1,\,L2}}$$

$$I_{L3} = \sqrt{I_{StrL3,\,L1}^2 + I_{StrL2,\,L3}^2 + I_{StrL3,\,L1} \cdot I_{StrL2,\,L3}}$$

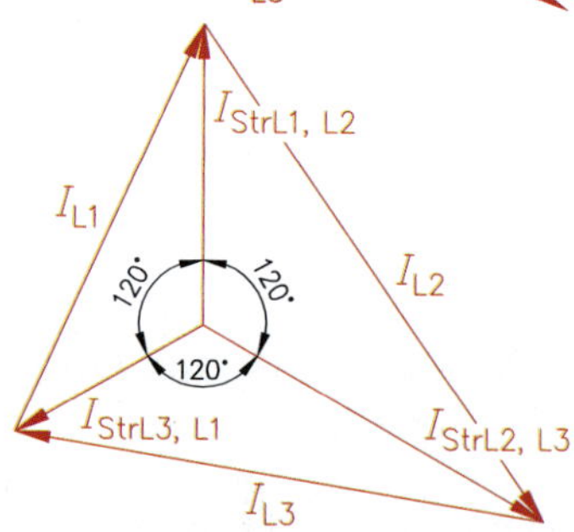

Für Stern- **und** Dreieckschaltung gilt:

$$P_{ges} = P_{Str1} + P_{Str2} + P_{Str3}$$

$$P_{ges} = I_{Str1} \cdot U_{Str1} \cdot \cos\varphi_{Str1} + I_{Str2} \cdot U_{Str2} \cdot \cos\varphi_{Str2} + I_{Str3} \cdot U_{Str3} \cdot \cos\varphi_{Str3}$$

Zeichen	Bedeutung	Einheit
I_{L1}, I_{L2}, I_{L3}	Ströme in den Außenleitern	A
$I_{StrL1,L2}, I_{StrL2,L3}, I_{StrL3,L1}$	Strangströme	A
I_N	Neutralleiterstrom	A
I_{Str}	Strangstrom	A
U_{Str}	Strangspannung	V
P_{ges}, P_{Str}	Gesamtleistung, Strangleistung	W

23.6 Umwandlung: Sternschaltung – Dreieckschaltung

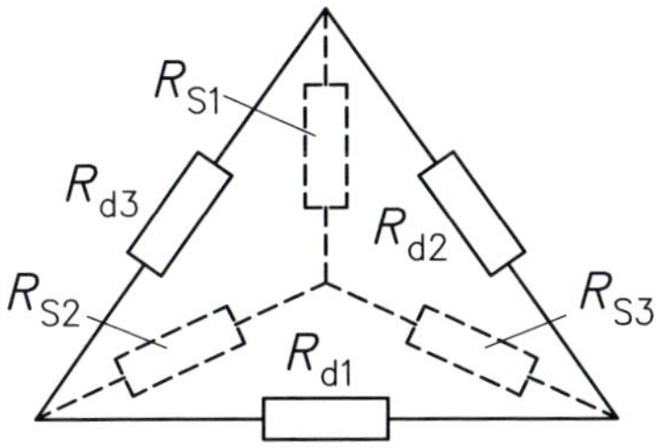

Umwandlung von Dreieck- in Sternschaltung bei gleichem Gesamtwiderstand

$$R_{S1} = \frac{R_{d2} \cdot R_{d3}}{R_{d1} + R_{d2} + R_{d3}} \qquad R_{S2} = \frac{R_{d1} \cdot R_{d3}}{R_{d1} + R_{d2} + R_{d3}} \qquad R_{S3} = \frac{R_{d1} \cdot R_{d2}}{R_{d1} + R_{d2} + R_{d3}}$$

Umwandlung von Stern- in Dreieckschaltung bei gleichem Gesamtwiderstand

$$R_{d1} = \frac{R_{S1} \cdot R_{S2} + R_{S2} \cdot R_{S3} + R_{S1} \cdot R_{S3}}{R_{S1}}$$

$$R_{d2} = \frac{R_{S1} \cdot R_{S2} + R_{S2} \cdot R_{S3} + R_{S1} \cdot R_{S3}}{R_{S2}}$$

$$R_{d3} = \frac{R_{S1} \cdot R_{S2} + R_{S2} \cdot R_{S3} + R_{S1} \cdot R_{S3}}{R_{S3}}$$

Zeichen	Bedeutung	Einheit
R_{S1}, R_{S2}, R_{S3}	Strangwiderstände der Sternschaltung	Ω
R_{d1}, R_{d2}, R_{d3}	Strangwiderstände der Dreieckschaltung	Ω

24 Transformatoren
transformers

24.1 Transformatoren für Einphasenwechselstrom

Leerlaufspannung

$U_0 = 4{,}44 \cdot f \cdot N \cdot \hat{\Phi}$ **Transformatorenhauptgleichung**

$U_0 = 4{,}44 \cdot \hat{B} \cdot A \cdot f \cdot N$

Übersetzungsverhältnis

$\frac{U_1}{U_2} \approx \frac{N_1}{N_2}$ $\quad N_1 \approx \frac{U_1 \cdot N_2}{U_2}$ $\quad N_2 \approx \frac{U_2 \cdot N_1}{U_1}$ $\quad U_1 \approx \frac{N_1 \cdot U_2}{N_2}$ $\quad U_2 \approx \frac{N_2 \cdot U_1}{N_1}$

$\frac{I_1}{I_2} \approx \frac{N_2}{N_1}$ $\quad N_1 \approx \frac{I_2 \cdot N_2}{I_1}$ $\quad N_2 \approx \frac{I_1 \cdot N_1}{I_2}$ $\quad I_1 \approx \frac{N_2 \cdot I_2}{N_1}$ $\quad I_2 \approx \frac{N_1 \cdot I_1}{N_2}$

$\frac{I_1}{I_2} \approx \frac{U_2}{U_1}$ $\quad U_1 \approx \frac{I_2 \cdot U_2}{I_1}$ $\quad U_2 \approx \frac{I_1 \cdot U_1}{I_2}$ $\quad I_1 \approx \frac{U_2 \cdot I_2}{U_1}$ $\quad I_2 \approx \frac{U_1 \cdot I_1}{U_2}$

$ü = \frac{N_1}{N_2}$ $\quad ü = \frac{U_1}{U_2}$ $\quad ü = \frac{I_2}{I_1}$ $\quad \frac{N_1}{N_2} = \sqrt{\frac{Z_1}{Z_2}} = ü$

Relative Kurzschlussspannung

$u_k = \frac{U_k}{U_1} \cdot 100\,\%$

Kurzschlussstrom

$I_{kd} = \frac{I \cdot 100\,\%}{u_k}$ $\quad I_s = 2{,}54 \cdot I_{kd}$

Wirkungsgrad

$P_2 = P_1 - P_{VCu} - P_{VFe}$ $\quad P_1 = P_2 + P_{VCu} + P_{VFe}$ $\quad P_V = P_{VCu} + P_{VFe}$

$\eta = \frac{P_2}{P_1}$ $\quad \eta = \frac{P_2}{P_2 + P_{VCu} + P_{VFe}}$ $\quad \eta = \frac{P_2}{P_2 + P_V}$

Jahreswirkungsgrad

$\eta_J = \frac{W_J}{W_J + W_{VCu} + W_{VFe}}$ $\quad W_{VCu} = P_{VCu} \cdot t_B$ $\quad W_{VFe} = P_{VFe} \cdot t_E$

24.2 Transformatorleistung

Einphasenwechselstrom

$P_1 = U_1 \cdot I_1 \cdot \cos\varphi_1$

$P_2 = U_2 \cdot I_2 \cdot \cos\varphi_2$

$S = U_2 \cdot I_2$

Drehstrom

$P_1 = \sqrt{3} \cdot U_1 \cdot I_1 \cdot \cos\varphi_1$

$P_2 = \sqrt{3} \cdot U_2 \cdot I_2 \cdot \cos\varphi_2$

$S = \sqrt{3} \cdot U_2 \cdot I_2$

Zeichen	Bedeutung	Einheit
U_0	Leerlaufspannung	V
U_1, U_2	Eingangsspannung, Ausgangsspannung	V
U_k	Gemessene Kurzschlussspannung	V
u_k	Relative Kurzschlussspannung	%
$ü$	Übersetzungsverhältnis	–
I	Bemessungsstrom	A
I_1, I_2	Eingangsstrom, Ausgangsstrom	A
I_{kd}	Dauerkurzschlussstrom	A
I_S	Höchstmöglicher Stoßkurzschlussstrom	A
Z_1, Z_2	Wechselstromwiderstand der Eingangsseite, der Ausgangsseite	Ω
P_1, P_2	Zugeführte Wirkleistung, Abgegebene Wirkleistung	W
P_V	Verlustleistung	W
P_{VCu}	Kupferverluste	W
P_{VFe}	Eisenverluste	W
S	Bemessungsleistung, Scheinleistung, Typenleistung	VA
W_J	Arbeitsabgabe im Jahr	Wh
W_{VFe}	Eisenverlustarbeit im Jahr	Wh
W_{VCu}	Wicklungsverlustarbeit im Jahr	Wh
N_1	Windungszahl der Eingangsseite	–
N_2	Windungszahl der Ausgangsseite	–
f	Frequenz	Hz (s^{-1})
N	Windungszahl	–
Φ	Magnetischer Fluss	Vs
η	Wirkungsgrad	–
η_J	Jahreswirkungsgrad	–
$\cos\varphi_1$	Wirkleistungsfaktor der Eingangsseite	–
$\cos\varphi_2$	Wirkleistungsfaktor der Ausgangsseite	–
t_B	Belastungsdauer	h
t_E	Einschaltdauer	h
$\hat{\Phi}$	Scheitelwert magnetischer Fluss	Vs
$\hat{B}$	Scheitelwert magnetische Flussdichte	Vs/m^2
A	wirksamer Eisenquerschnitt	m^2

24.3 Spartransformator

$$S_B = \frac{U_1 - U_2}{U_1} \cdot S_D$$ bei $U_2 < U_1$

$$S_B = \frac{U_2 - U_1}{U_2} \cdot S_D$$ bei $U_2 > U_1$

$$S_D = U_2 \cdot I_2$$

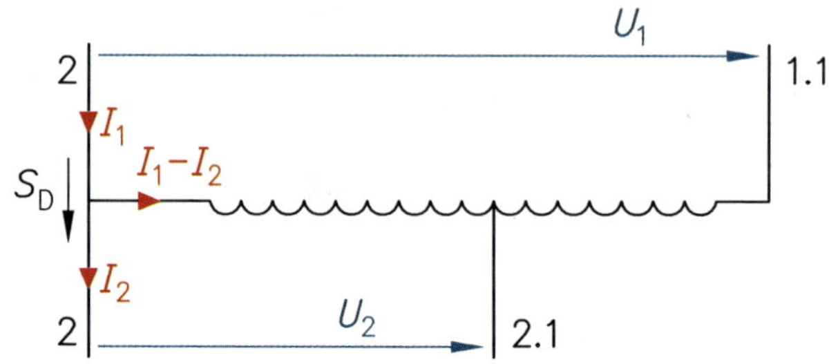

$$\frac{U_1}{U_2} = \frac{N_1}{N_2} \qquad U_1 = \frac{U_2 \cdot N_1}{N_2} \qquad U_2 = \frac{U_1 \cdot N_2}{N_1} \qquad N_1 = \frac{U_1 \cdot N_2}{U_2} \qquad N_2 = \frac{U_2 \cdot N_1}{U_1}$$

Zeichen	Bedeutung	Einheit
U_1	Eingangsspannung	V
U_2	Ausgangsspannung	V
I_1	Eingangsstrom	A
I_2	Ausgangsstrom	A

Zeichen	Bedeutung	Einheit
N_1	Windungszahl der Eingangsseite	–
N_2	Windungszahl der Ausgangsseite	–
S_B	Bauleistung	VA
S_D	Durchgangsleistung	VA

24.4 Parallelschalten von Transformatoren

Lastverteilung bei gleichen Kurzschlussspannungen

$$S_1 = \Sigma S \cdot \frac{S_{N1}}{\Sigma S_N} \qquad S_2 = \Sigma S \cdot \frac{S_{N2}}{\Sigma S_N} \qquad S_3 = \Sigma S \cdot \frac{S_{N3}}{\Sigma S_N}$$

Lastverteilung bei ungleichen Kurzschlussspannungen

$$u_K = \frac{\Sigma S_N}{\frac{S_{N1}}{u_{K1}} + \frac{S_{N2}}{u_{K2}} + \frac{S_{N3}}{u_{K3}}}$$

Bestimmung der Lastanteile, wenn kein Transformator überlastet werden soll.
Hierbei ist als gesamte Kurzschlussspannung die kleinste u_k aller Transformatoren in die Formeln einzusetzen.

Lastanteile

$$S_1 = S_{N1} \cdot \frac{u_K}{u_{K1}} \cdot \frac{\Sigma S}{\Sigma S_N} \qquad S_2 = S_{N2} \cdot \frac{u_K}{u_{K2}} \cdot \frac{\Sigma S}{\Sigma S_N} \qquad S_3 = S_{N3} \cdot \frac{u_K}{u_{K3}} \cdot \frac{\Sigma S}{\Sigma S_N}$$

Zeichen	Bedeutung	Einheit
S_1, S_2, S_3	Lastabgabe der einzelnen Transformatoren	VA
S_{N1}, S_{N2}, S_{N3}	Bemessungsleistung der Transformatoren	VA
ΣS_N	Summe der Bemessungsleistungen aller Transformatoren	VA
ΣS	Summe der Verbraucherleistung	VA
u_K	Resultierende relative Kurzschlussspannung	%
u_{K1}, u_{K2}, u_{K3}	Relative Kurzschlussspannung aller Transformatoren	%

24.5 Gebräuchliche Schaltgruppen für Drehstromtransformatoren

Kennzahl	Schaltgruppe	Zeigerbild OS / US – Schaltungsbild OS / US	Übersetzung $\frac{U_{L1}}{U_{L1}}$
0	Dd0	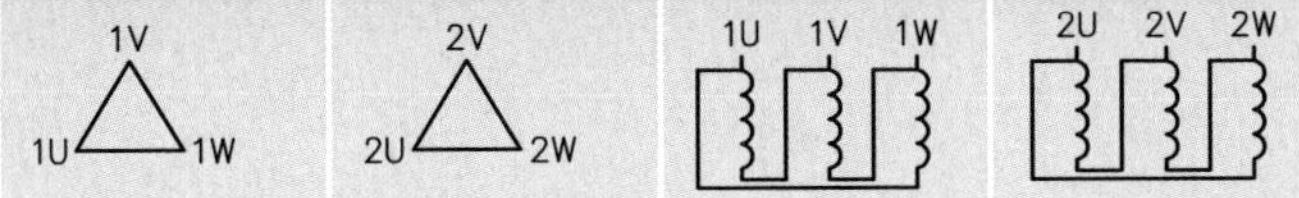	$\frac{N_1}{N_2}$
	Yy0	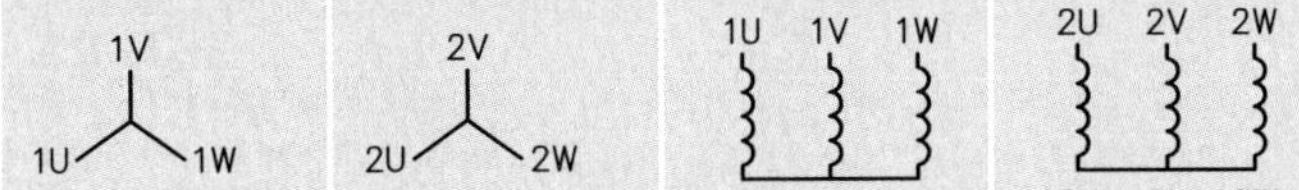	$\frac{N_1}{N_2}$
	Dz0	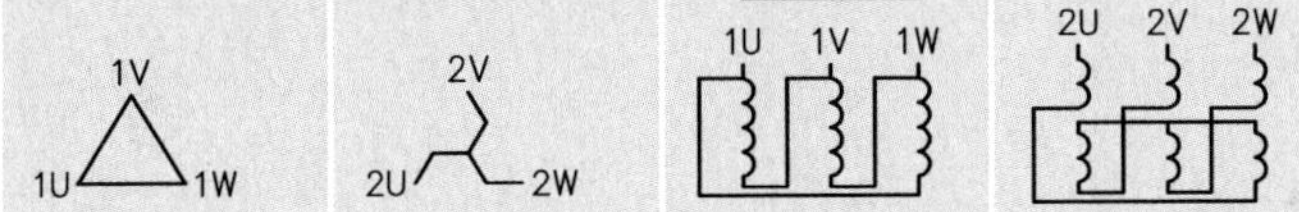	$\frac{2 \cdot N_1}{3 \cdot N_2}$
5	Dy5	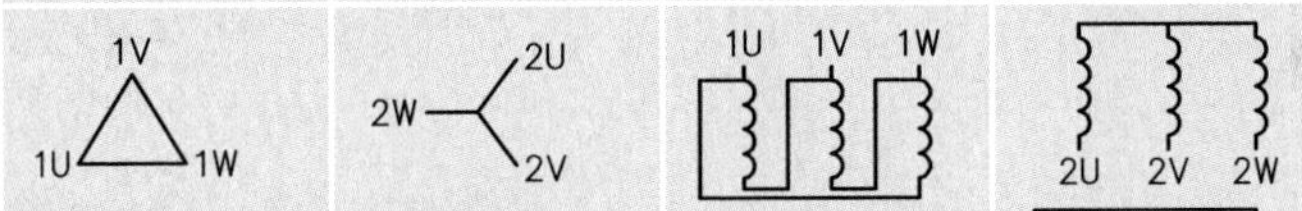	$\frac{N_1}{\sqrt{3} \cdot N_2}$
	Yd5	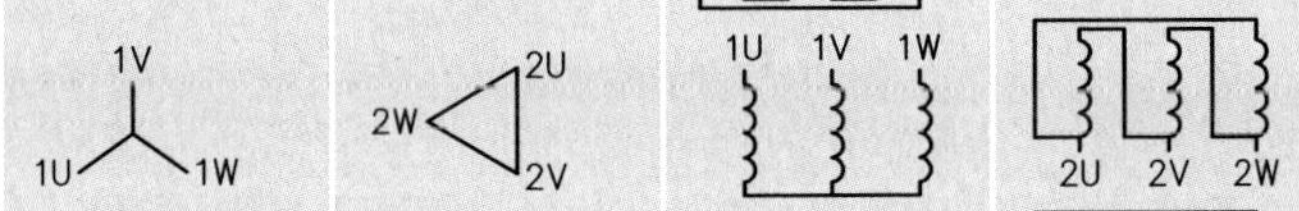	$\frac{\sqrt{3} \cdot N_1}{N_2}$
	Yz5	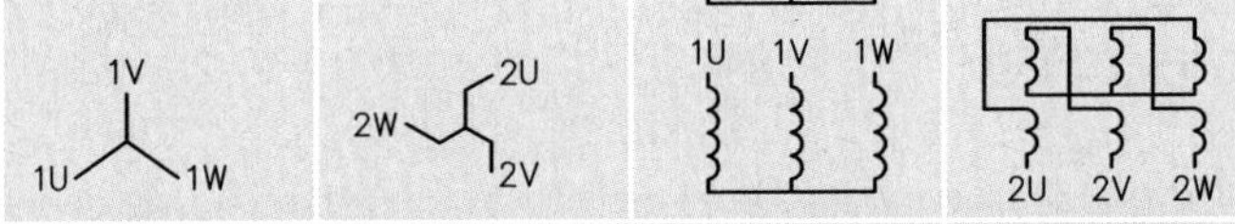	$\frac{2 \cdot N_1}{\sqrt{3} \cdot N_2}$
6	Dd6	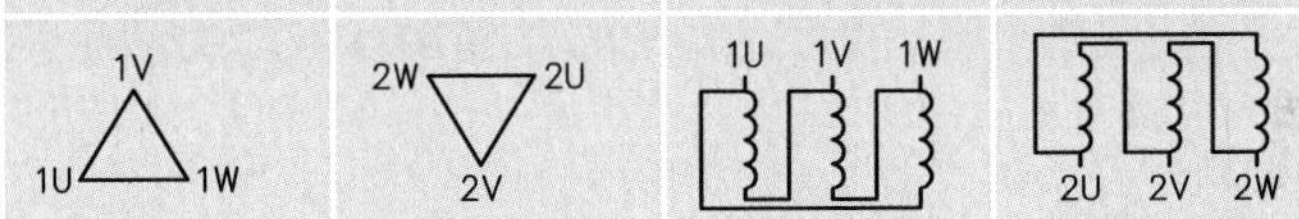	$\frac{N_1}{N_2}$
	Yy6	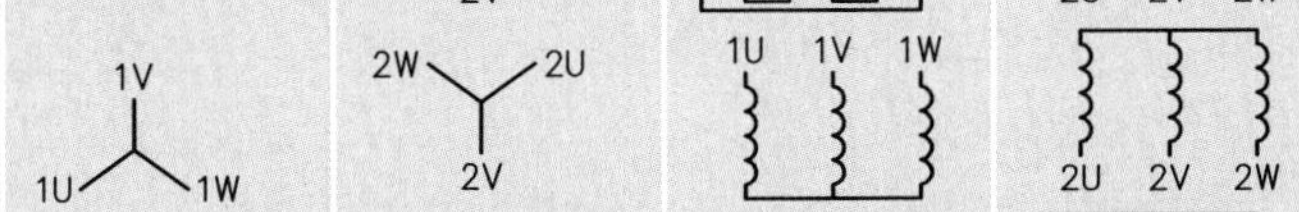	$\frac{N_1}{N_2}$
	Dz6	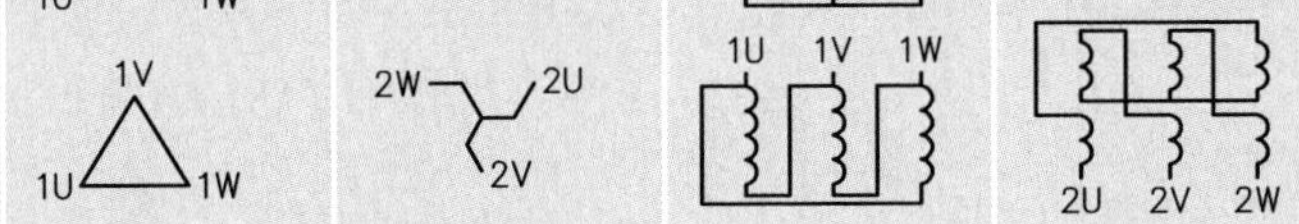	$\frac{2 \cdot N_1}{3 \cdot N_2}$
11	Dy11	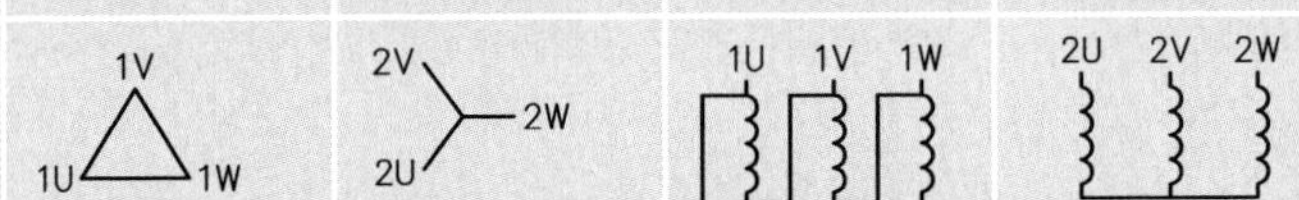	$\frac{N_1}{\sqrt{3} \cdot N_2}$
	Yd11	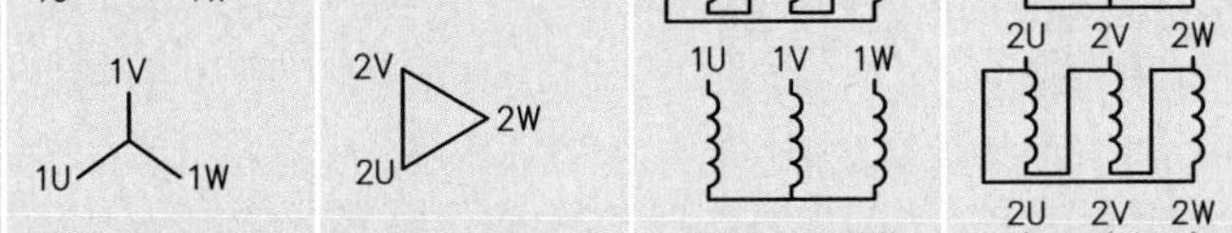	$\frac{\sqrt{3} \cdot N_1}{N_2}$
	Yz11	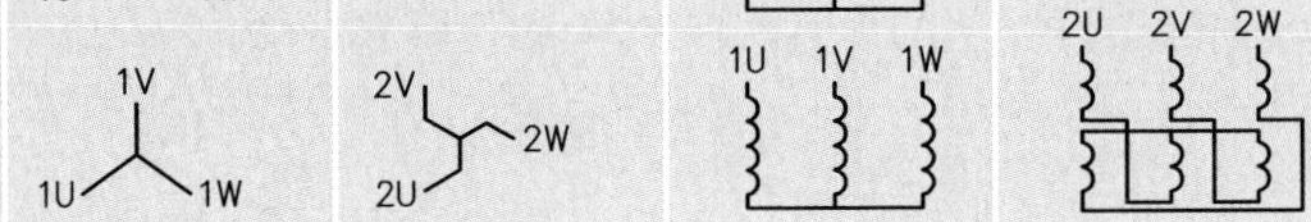	$\frac{2 \cdot N_1}{\sqrt{3} \cdot N_2}$

25 Mechanik
mechanics

Parallele Kräfte

$F = F_1 + F_2$

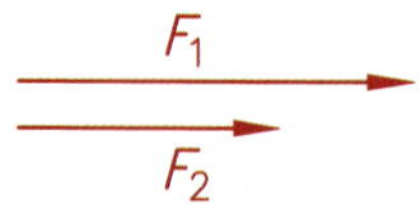

$F = F_1 - F_2$

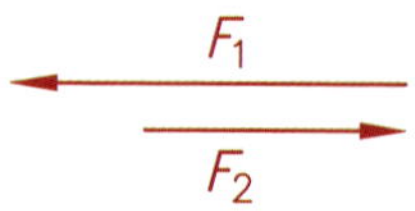

Zwei Kräfte wirken im rechten Winkel zueinander

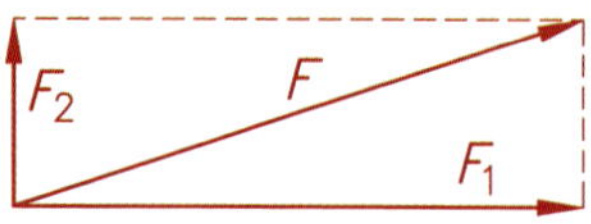

$$F = \sqrt{F_1^2 + F_2^2}$$

Kraft	$F = m \cdot a$	$F_G = m \cdot g$	$g = 9{,}81\ \frac{m}{s^2}$
Geschwindigkeit	$v = \frac{s}{t}$	$s = v \cdot t$	$t = \frac{s}{v}$
Umfangsgeschwindigkeit	$v = \frac{d \cdot \pi \cdot n}{60}$	$d = \frac{v \cdot 60}{\pi \cdot n}$	$n = \frac{v \cdot 60}{\pi \cdot d}$
Arbeit	$W = F \cdot s$	$F = \frac{W}{s}$	$s = \frac{W}{F}$
Hubarbeit	$W_{Hub} = m \cdot g \cdot h$	$h = \frac{W_{Hub}}{m \cdot g}$	$m = \frac{W_{Hub}}{g \cdot h}$
Wirkungsgrad	$\eta = \frac{W_{ab}}{W_{zu}}$	$\eta = \frac{P_{ab}}{P_{zu}}$	

Zeichen	Bedeutung	Einheit
F_G	Gewichtskraft	$N = kgm/s^2$
F_1; F_2	Teilkräfte	N
v	Geschwindigkeit	m/s
s, h	Strecke in Kraftrichtung	m
t	Zeit	s
W	Arbeit	Nm
W_{ab}	Abgegebene Arbeit	Nm
W_{zu}	Zugeführte Arbeit	Nm
P	Leistung	W
P_{ab}	Abgegebene Leistung	W
P_{zu}	Zugeführte Leistung	W
n	Drehfrequenz	1/min
d	Durchmesser	m
η	Wirkungsgrad	–
m	Masse	kg
a	Beschleunigung	m/s^2
g	Erdbeschleunigung ($9{,}81\ m/s^2$)	m/s^2

25 Mechanik
mechanics

Mechanische Leistung

Leistung bei geradliniger Bewegung und konstanter Geschwindigkeit:

$P = \frac{W}{t}$ $\quad W = P \cdot t$ $\quad t = \frac{W}{P}$

$P = \frac{F \cdot s}{t}$ $\quad F = \frac{P \cdot t}{s}$ $\quad s = \frac{P \cdot t}{F}$ $\quad t = \frac{F \cdot s}{P}$

$P = F \cdot v$ $\quad F = \frac{P}{v}$ $\quad v = \frac{P}{F}$

Einheitenumformung

$1\ \text{W} = 1\ \frac{J}{s} = 1\ \frac{N \cdot m}{s}$ $\quad 1\ \text{kW} = 1\,000\ \text{W} = 1{,}36\ \text{PS}$

26 Riementrieb
belt drive

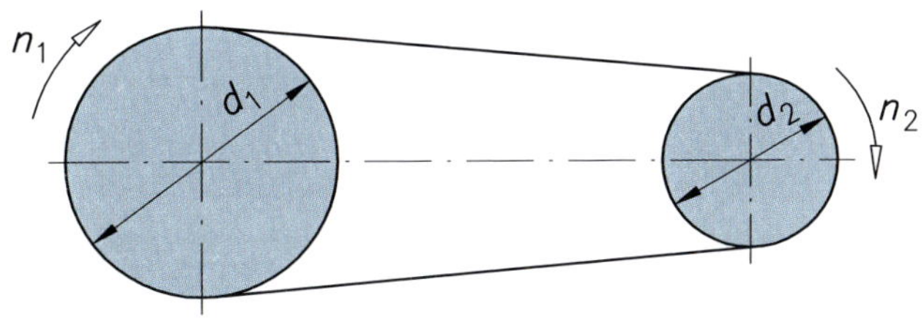

Einfache Übersetzung

$n_1 \cdot d_1 = n_2 \cdot d_2$ $\quad \frac{n_1}{n_2} = \frac{d_2}{d_1}$

$n_1 = \frac{n_2 \cdot d_2}{d_1}$ $\quad n_2 = \frac{n_1 \cdot d_1}{d_2}$ $\quad d_1 = \frac{n_2 \cdot d_2}{n_1}$ $\quad d_2 = \frac{n_1 \cdot d_1}{n_2}$

$ü = \frac{n_1}{n_2}$ $\quad ü = \frac{d_2}{d_1}$

Zeichen	Bedeutung	Einheit
$ü$	Übersetzungsverhältnis	–
d_1	Durchmesser des Antriebsrades	mm
d_2	Durchmesser des getriebenen Rades	mm
n_1	Umdrehungsfrequenz des Antriebsrades	1/min
n_2	Umdrehungsfrequenz des getriebenen Rades	1/min

Einfache Übersetzung

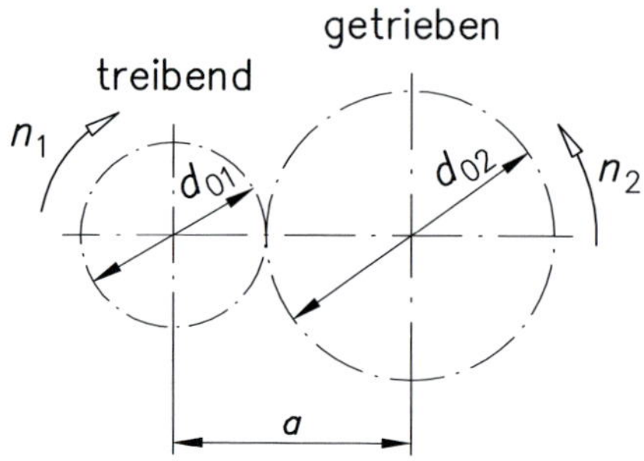

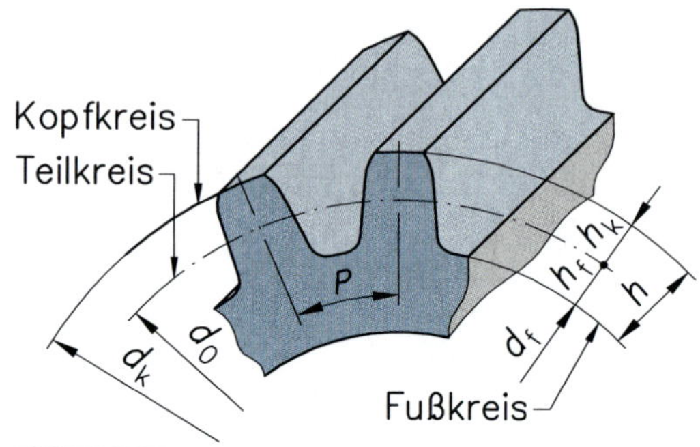

$$\frac{n_1}{n_2} = \frac{z_2}{z_1}$$

$$n_1 \cdot z_1 = n_2 \cdot z_2$$

$$ü = \frac{n_1}{n_2}$$

$$ü = \frac{z_2}{z_1}$$

$$n_1 = \frac{n_2 \cdot z_2}{z_1}$$

$$z_1 = \frac{n_2 \cdot z_2}{n_1}$$

$$n_2 = \frac{n_1 \cdot z_1}{z_2}$$

$$z_2 = \frac{n_1 \cdot z_1}{n_2}$$

$$a = \frac{d_{01} + d_{02}}{2} = \frac{m(z_1 + z_2)}{2}$$

$$m = \frac{p}{\pi}$$

$$m = \frac{d_0}{z}$$

$$p = m \cdot \pi$$

$$p = \frac{d_0 \cdot \pi}{z}$$

$$d_0 = z \cdot m$$

$$d_0 = \frac{p \cdot z}{\pi}$$

$$d_k = m(z + 2)$$

$$d_f = m(z - 2{,}33)$$

$$h_k = m$$

$$h_f \approx 1{,}167 \cdot m$$

$$h \approx 2{,}167 \cdot m$$

$$h = h_k + h_f$$

Zeichen	Bedeutung	Einheit
n_1	Umdrehungsfrequenz des Antriebsrades	1/min
n_2	Umdrehungsfrequenz des getriebenen Rades	1/min
z	Zähnezahl	–
z_1	Zähnezahl des Antriebsrades	–
z_2	Zähnezahl des getriebenen Rades	–
$ü$	Übersetzungsverhältnis	–
d_0; d_{01}; d_{02}	Teilkreisdurchmesser	mm
d_k	Kopfkreisdurchmesser	mm
d_f	Fußkreisdurchmesser	mm
a	Achsenabstand	mm
m	Modul	mm
p	Teilung	mm
h	Zahnhöhe	mm
h_k	Zahnkopfhöhe	mm
h_f	Zahnfußhöhe	mm

28 Elektrische Maschinen
electrical engines

28.1 Einphasen-Wechselstrommotoren

$S = U \cdot I$	$U = \frac{S}{I}$	$I = \frac{S}{U}$	
$P_{zu} = U \cdot I \cdot \cos\varphi$	$U = \frac{P_{zu}}{I \cdot \cos\varphi}$	$I = \frac{P_{zu}}{U \cdot \cos\varphi}$	$\cos\varphi = \frac{P_{zu}}{U \cdot I}$
	$P_{zu} = S \cdot \cos\varphi$	$S = \frac{P_{zu}}{\cos\varphi}$	$\cos\varphi = \frac{P_{zu}}{S}$
$P_{ab} = U \cdot I \cdot \cos\varphi \cdot \eta$	$U = \frac{P_{ab}}{I \cdot \cos\varphi \cdot \eta}$	$I = \frac{P_{ab}}{U \cdot \cos\varphi \cdot \eta}$	$\cos\varphi = \frac{P_{ab}}{U \cdot I \cdot \eta}$
$Q = U \cdot I \cdot \sin\varphi$	$Q = S \cdot \sin\varphi$	$S = \frac{Q}{\sin\varphi}$	$\sin\varphi = \frac{Q}{S}$
	$Q = P_{zu} \cdot \tan\varphi$	$P_{zu} = \frac{Q}{\tan\varphi}$	$\tan\varphi = \frac{Q}{P_{zu}}$
$\eta = \frac{P_{ab}}{P_{zu}}$	$P_{ab} = P_{zu} \cdot \eta$	$P_{zu} = \frac{P_{ab}}{\eta}$	$\eta = \frac{P_{ab}}{U \cdot I \cdot \cos\varphi}$

Kondensatormotor

$Q_{CB} = 1{,}3\,\frac{\text{var}}{\text{W}} \cdot P_{ab}$	$C_B = \frac{Q_{CB}}{\omega \cdot U^2}$	$C_A = 3 \cdot C_B$	$U_C = 1{,}35 \cdot U$

Zeichen	Bedeutung	Einheit
U	Bemessungsspannung	V
U_C	Bemessungsspannung des Kondensators	V
I	Bemessungsstrom	A
S	Scheinleistung	VA
P_{zu}	Zugeführte Leistung	W
P_{ab}	Abgegebene Leistung, Bemessungsleistung	W
Q	Blindleistung	var
Q_{CB}	Blindleistung des Betriebskondensators	var
C_B, C_A	Kapazität des Betriebskondensators, des Anlaufkondensators	F
$\cos\varphi$	Wirkleistungsfaktor	–
$\sin\varphi$	Blindleistungsfaktor	–
$\tan\varphi$	Verlustfaktor	–
η	Wirkungsgrad	–
ω	Kreisfrequenz	–

28.2 Drehstrommotoren

$$S = \sqrt{3} \cdot U \cdot I \qquad U = \frac{S}{\sqrt{3} \cdot I} \qquad I = \frac{S}{\sqrt{3} \cdot U}$$

$$P_{zu} = \sqrt{3} \cdot U \cdot I \cdot \cos\varphi \qquad U = \frac{P_{zu}}{\sqrt{3} \cdot I \cdot \cos\varphi} \qquad I = \frac{P_{zu}}{\sqrt{3} \cdot U \cdot \cos\varphi} \qquad \cos\varphi = \frac{P_{zu}}{\sqrt{3} \cdot U \cdot I}$$

$$P_{zu} = S \cdot \cos\varphi \qquad S = \frac{P_{zu}}{\cos\varphi} \qquad \cos\varphi = \frac{P_{zu}}{S}$$

$$P_{ab} = \sqrt{3} \cdot U \cdot I \cdot \cos\varphi \cdot \eta \qquad U = \frac{P_{ab}}{\sqrt{3} \cdot I \cdot \cos\varphi \cdot \eta} \qquad I = \frac{P_{ab}}{\sqrt{3} \cdot U \cdot \cos\varphi \cdot \eta} \qquad \cos\varphi = \frac{P_{ab}}{\sqrt{3} \cdot U \cdot I \cdot \eta}$$

$$Q = \sqrt{3} \cdot U \cdot I \cdot \sin\varphi \qquad Q = S \cdot \sin\varphi \qquad S = \frac{Q}{\sin\varphi} \qquad \sin\varphi = \frac{Q}{S}$$

$$Q = P_{zu} \cdot \tan\varphi \qquad P_{zu} = \frac{Q}{\tan\varphi} \qquad \tan\varphi = \frac{Q}{P_{zu}}$$

$$\eta = \frac{P_{ab}}{P_{zu}} \qquad P_{ab} = P_{zu} \cdot \eta \qquad P_{zu} = \frac{P_{ab}}{\eta} \qquad \eta = \frac{P_{ab}}{\sqrt{3} \cdot U \cdot I \cdot \cos\varphi}$$

$$s = \frac{n_s - n}{n_s} \cdot 100\,\% \qquad n_s = \frac{f \cdot 60}{p} \qquad n = n_s - \frac{n_s \cdot s}{100\,\%} \qquad f_r = f - \frac{f \cdot n}{n_s} \qquad f_r = \frac{f \cdot s}{100\,\%}$$

Zeichen	Bedeutung	Einheit
U	Bemessungsspannung	V
I	Bemessungsstrom	A
S	Scheinleistung	VA
P_{zu}	Zugeführte Leistung	W
P_{ab}	Abgegebene Leistung, Bemessungsleistung	W
Q	Blindleistung	var
$\cos\varphi$	Wirkleistungsfaktor	–
$\sin\varphi$	Blindleistungsfaktor	–
$\tan\varphi$	Verlustfaktor	–
η	Wirkungsgrad	–
s	Schlupf	%
n	Läuferumdrehungsfrequenz	1/min
n_s	Synchrone Umdrehungsfrequenz, Feldumdrehungsfrequenz	1/min
f	Frequenz (des Netzes bzw. Synchronfrequenz)	Hz, s^{-1}
f_r	Rotationsfrequenz	Hz, s^{-1}
p	Polpaarzahl	–

28.3 Mechanische Leistung und Drehmoment bei Drehstrommotoren

$P = \frac{W_{mech}}{t} = \frac{F \cdot s}{t} = \frac{F \cdot U}{T} = \frac{F \cdot 2 \cdot \pi \cdot r}{T} = F \cdot v$ $M = F \cdot r$ $n = \frac{1}{T}$ $\omega = 2 \cdot \pi \cdot n$

$$P = \frac{F \cdot r \cdot 2 \cdot \pi}{T} = \frac{M \cdot 2 \cdot \pi}{T} = M \cdot 2 \cdot \pi \cdot n = M \cdot \omega = F \cdot r \cdot 2 \cdot \pi \cdot n = F \cdot d \cdot \pi \cdot n$$

$P = F \cdot \pi \cdot d \cdot n$	$F = \frac{P}{\pi \cdot d \cdot n}$	$d = \frac{P}{\pi \cdot F \cdot n}$
$P = M \cdot 2 \cdot \pi \cdot n$	$M = \frac{P}{2 \cdot \pi \cdot n}$	$n = \frac{P}{M \cdot 2 \cdot \pi}$
$P = M \cdot \omega$	$M = \frac{P}{\omega}$	$\omega = \frac{P}{M}$
$P = \frac{M \cdot n}{9\,550}$	$M = \frac{P \cdot 9\,550}{n}$	$n = \frac{P \cdot 9\,550}{M}$

Hinweis:
Alle Formeln sind in SI-Einheiten zu berechnen! (Nm, 1/s, W)

Lediglich die 9550-Zahlenwertgleichung nutzt Nm, **1/min**, kW

28.4 Drehstromasynchronmotor mit angetriebener Lastmaschine

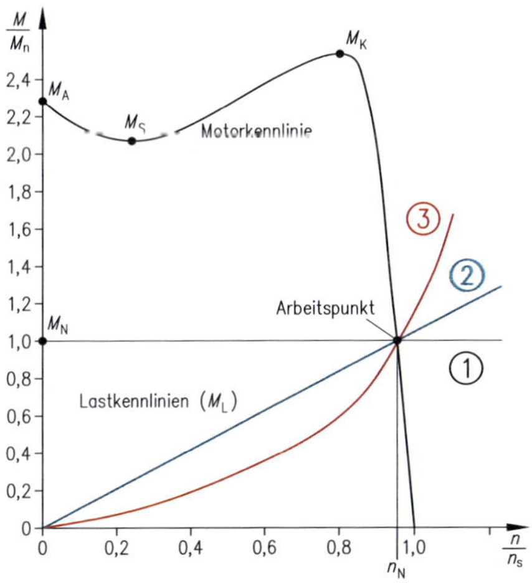

Die Lastmomente M_L

1: konstant (Hebezeuge, Förderer)

2: linear (Kalander, Glättwalzen)

3: quadratisch (Pumpen, Lüfter)

Das Drehmoment des Motors erhöht die Drehfrequenz solange, wie M_{Motor} größer ist als M_{Last}.

Ein Hochlauf des Motors ist nicht möglich, wenn das Motordrehmoment kleiner ist als das Lastmoment.

Zeichen	Bedeutung	Einheit
P	Leistung	W, kW
F, s	Kraft, Strecke (am Außendurchmesser von Antriebsrad/welle)	N, m
v	Geschwindigkeit (Umfangsgeschwindigkeit Antriebsrad/welle)	m/s
r, d, U	Radius, Durchmesser, Umfang des Antriebsrades	m
M	Drehmoment	Nm
M_N	Bemessungsdrehmoment, Nennmoment	Nm
M_A	Anlaufmoment	Nm
M_S	Sattelmoment	Nm
M_K	Kippmoment	Nm
M_L	Lastmoment durch die Arbeitsmaschine	Nm
n	Drehfrequenz, Drehzahl	1/s
n_N	Bemessungsdrehfrequenz, Nenndrehzahl	1/min
n_s	Synchrondrehzahl	1/min
ω	Kreisfrequenz	1/s
T	Umlaufdauer der Antriebswelle	s

28.5 Drehstrom-Synchrongeneratoren

$$S = \sqrt{3} \cdot U \cdot I \qquad U = \frac{S}{\sqrt{3} \cdot I} \qquad I = \frac{S}{\sqrt{3} \cdot U}$$

$$P_{ab} = \sqrt{3} \cdot U \cdot I \cdot \cos\varphi \qquad U = \frac{P_{ab}}{\sqrt{3} \cdot I \cdot \cos\varphi} \qquad I = \frac{P_{ab}}{\sqrt{3} \cdot U \cdot \cos\varphi} \qquad \cos\varphi = \frac{P_{ab}}{\sqrt{3} \cdot U \cdot I}$$

$$P_{ab} = S \cdot \cos\varphi \qquad S = \frac{P_{ab}}{\cos\varphi} \qquad \cos\varphi = \frac{P_{ab}}{S}$$

$$P_{zu} = \frac{\sqrt{3} \cdot U \cdot I \cdot \cos\varphi}{\eta} \qquad U = \frac{P_{zu} \cdot \eta}{\sqrt{3} \cdot I \cdot \cos\varphi} \qquad I = \frac{P_{zu} \cdot \eta}{\sqrt{3} \cdot U \cdot \cos\varphi} \qquad \cos\varphi = \frac{P_{zu} \cdot \eta}{\sqrt{3} \cdot U \cdot I}$$

$$Q = \sqrt{3} \cdot U \cdot I \cdot \sin\varphi \qquad Q = S \cdot \sin\varphi \qquad S = \frac{Q}{\sin\varphi} \qquad \sin\varphi = \frac{Q}{S}$$

$$Q = P_{ab} \cdot \tan\varphi \qquad P_{ab} = \frac{Q}{\tan\varphi} \qquad \tan\varphi = \frac{Q}{P_{ab}}$$

$$\eta = \frac{P_{ab}}{P_{zu}} \qquad P_{zu} = \frac{P_{ab}}{\eta} \qquad P_{ab} = P_{zu} \cdot \eta \qquad \eta = \frac{\sqrt{3} \cdot U \cdot I \cdot \cos\varphi}{P_{zu}}$$

$$n = \frac{f \cdot 60}{p} \qquad p = \frac{f \cdot 60}{n} \qquad f = \frac{n \cdot p}{60}$$

Zeichen	Bedeutung	Einheit
U	Bemessungsspannung	V
I	Bemessungsstrom	A
S	Scheinleistung	VA
P_{zu}	Zugeführte Leistung	W
P_{ab}	Abgegebene Leistung, Bemessungsleistung	W
Q	Blindleistung	var
$\cos\varphi$	Wirkleistungsfaktor	–
$\sin\varphi$	Blindleistungsfaktor	–
$\tan\varphi$	Verlustfaktor	–
η	Wirkungsgrad	–
n	Umdrehungsfrequenz des Generators	1/min
f	Frequenz	Hz, s^{-1}
p	Polpaarzahl	–

28.6 Gleichstrommotoren

Fremderregter Gleichstrommotor

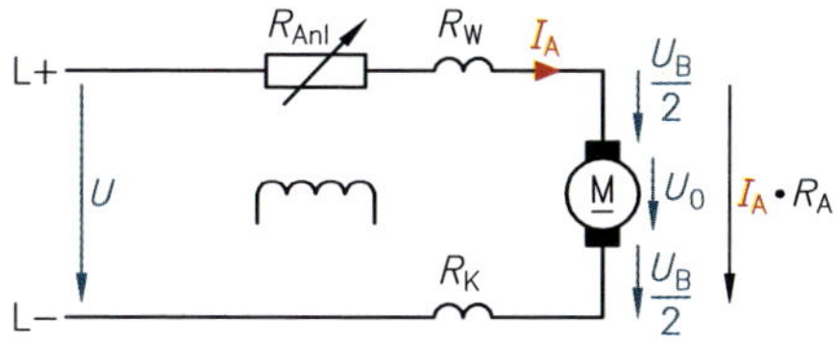

$$U = U_0 + I_A(R_A + R_W + R_K) + U_B$$

$$R_{Anl} = \frac{U - U_B}{I_{Anl}} - R_A - R_W - R_K$$

Gleichstrom-Nebenschlussmotor

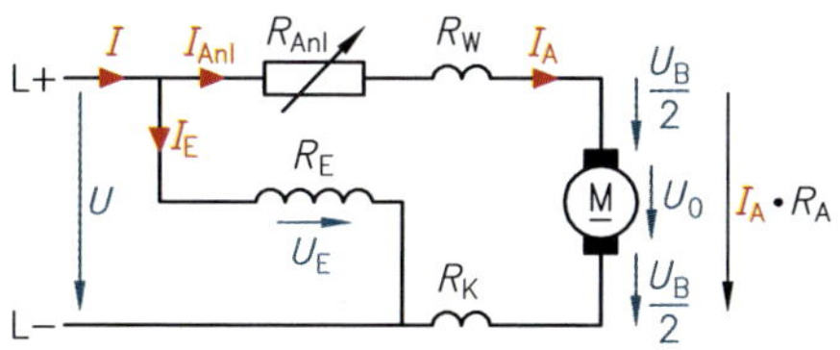

$$U = U_0 + I_A(R_A + R_W + R_K) + U_B$$

$$R_{Anl} = \frac{U - U_B}{I_{Anl}} - R_A - R_W - R_K$$

$I_{Anl} = I - I_E$

Gleichstrom-Reihenschlussmotor

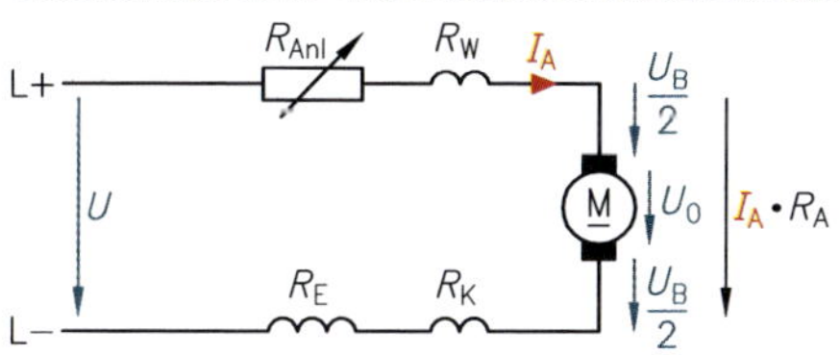

$$U = U_0 + I_A(R_A + R_W + R_K + R_E) + U_B$$

$$R_{Anl} = \frac{U - U_B}{I_{Anl}} - R_A - R_W - R_K - R_E$$

Leistung und Wirkungsgrad

$P_{zu} = U \cdot I$ $\qquad$ $P_{ab} = U \cdot I \cdot \eta$ $\qquad$ $\eta = P_{ab} / P_{zu}$

Zeichen	Bedeutung	Einheit
U	Netzspannung, Bemessungsspannung	V
U_0	Induzierte Spannung	
U_B	Summe der Bürstenspannungen	
I	Gesamtstrom der Maschine, Bemessungsstrom	A
I_{Anl}*	Anlass-Spitzenstrom	
I_A	Ankerstrom	
I_E	Erregerstrom	
R_A	Ankerwiderstand	Ω
R_{Anl}	Anlasswiderstand	
R_E	Widerstand der Erregerwicklung	
R_K**	Widerstand der Kompensationswicklung	
R_W**	Widerstand der Wendepolwicklung	
P_{ab}	Abgegebene Leistung, Bemessungsleistung	W
P_{zu}	Zugeführte Leistung	
η	Wirkungsgrad	–

Bemerkungen: * $I_{Anl} = 1{,}5\, I_A$; ** Bei nicht vorhandener Wendepol- bzw. Kompensationswicklung wird der Widerstand $R_W = 0\ \Omega$ bzw. $R_K = 0\ \Omega$ gesetzt.

28.7 Gleichstromgeneratoren

Fremderregter Gleichstromgenerator

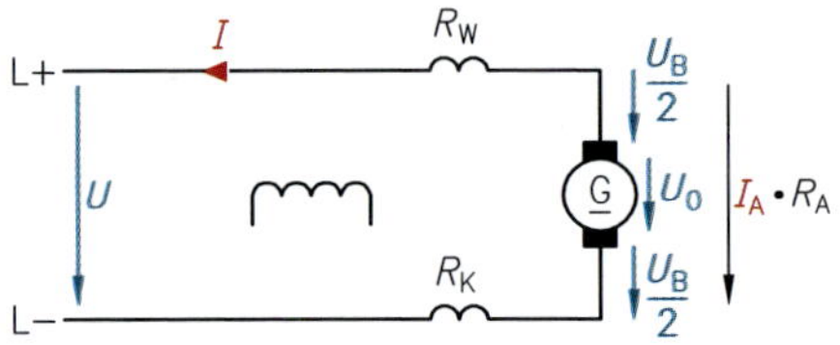

$$U = U_0 - I_A(R_A + R_W + R_K) - U_B$$

Gleichstrom-Nebenschlussgenerator

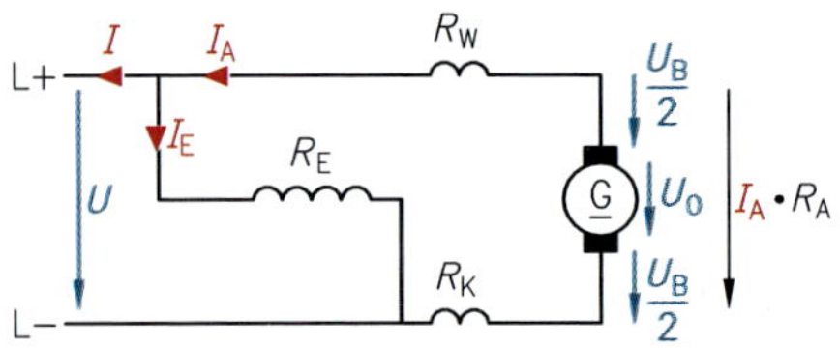

$$U = U_0 - I_A(R_A + R_W + R_K) - U_B$$

$$I = I_A - I_E$$

Gleichstrom-Reihenschlussgenerator

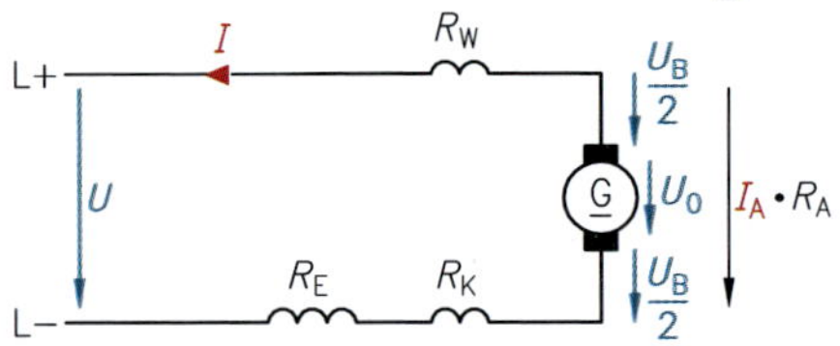

$$U = U_0 - I_A(R_A + R_W + R_K + R_E) - U_B$$

Bemerkung: Bei nicht vorhandener Wendepol- bzw. Kompensationswicklung wird der Widerstand $R_W = 0\,\Omega$ bzw. $R_K = 0\,\Omega$ gesetzt.

Leistung und Wirkungsgrad

$P_{ab} = U \cdot I$ $\qquad$ $P_{zu} = (U \cdot I)/\eta$ $\qquad$ $\eta = P_{ab}/P_{zu}$

Zeichen	Bedeutung	Einheit
U U_0 U_B	Netzspannung, Bemessungsspannung Induzierte Spannung Summe der Bürstenspannungen	V
I I_A I_E	Gesamtstrom der Maschine, Bemessungsstrom Ankerstrom Erregerstrom	A
R_A R_E R_K R_W	Widerstand der Ankerwicklung Widerstand der Erregerwicklung Widerstand der Kompensationswicklung Widerstand der Wendepolwicklung	Ω
P_{ab} P_{zu}	Abgegebene Leistung, Bemessungsleistung Zugeführte Leistung	W
η	Wirkungsgrad	–

28.8 Schrittmotor

Schrittmotor, bipolar

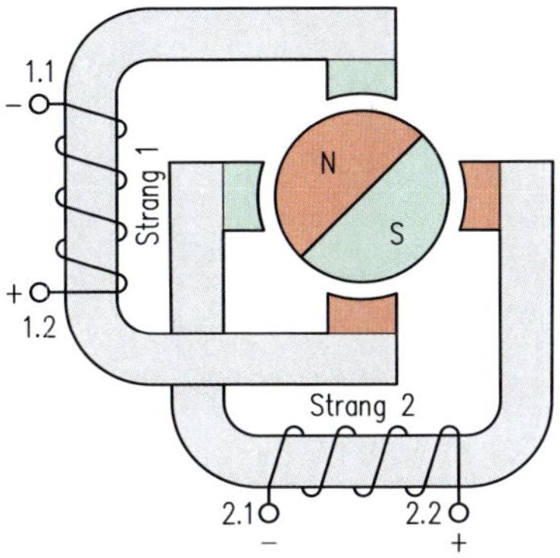

Taktfolge für einen Zweistrang-Schrittmotor

Schritt-Nr. bei Rechtslauf	Strang 1 Anschluss		Strang 2 Anschluss	
	1.1	1.2	2.1	2.2
0 ≙ 4	–	+	–	+
$\frac{1}{2}$	–	+	**0**	**0**
1	–	+	+	–
$1\frac{1}{2}$	**0**	**0**	+	–
2	+	–	+	–
$2\frac{1}{2}$	+	–	**0**	**0**
3	+	–	–	+
$3\frac{1}{2}$	**0**	**0**	–	+
4 ≙ 0	–	+	–	+

Anmerkungen: Bei Vollschrittbetrieb werden die Takte mit den Halbschritten weggelassen. Bei Linkslauf mit Takt 4 beginnen und von unten nach oben zählen.

Vollschrittbetrieb:

$z_v = 2p \cdot m$ $\quad p = \frac{z_v}{2 \cdot m}$ $\quad m = \frac{z_v}{2 \cdot p}$

$\alpha_v = \frac{360°}{2p \cdot m}$ $\quad \alpha_v = \frac{360°}{z_v}$ $\quad z = \frac{360°}{\alpha_v}$

$n_v = \frac{f_z}{2p \cdot m}$ $\quad n_v = \frac{f_z}{z_v}$ $\quad f_z = n_v \cdot z_v$

Halbschrittbetrieb:

$z_h = 4 \cdot p \cdot m$ $\quad p = \frac{z_h}{4 \cdot m}$ $\quad m = \frac{z_h}{4 \cdot p}$

$n_h = \frac{f_z}{2 \cdot 2p \cdot m}$ $\quad n_h = \frac{f_z}{4 \cdot p \cdot m}$ $\quad n_h = \frac{f_z}{z_h}$ $\quad z_h = \frac{f_z}{n_h}$ $\quad f_z = z_h \cdot n_h$

$\alpha_h = \frac{180°}{2p \cdot m}$ $\quad \alpha_h = \frac{360°}{4 \cdot p \cdot m}$ $\quad \alpha_h = \frac{360°}{z_h}$ $\quad z_h = \frac{360°}{\alpha_h}$

Zeichen	Bedeutung	Einheit
α_v/α_h	Schrittwinkel, Vollschritt-/Halbschrittbetrieb	°
f_z	Schrittfrequenz, Impulsfrequenz	1/s
m	Anzahl der Wicklungsstränge, Strangzahl, Phasenzahl	–
n_v/n_h	Drehzahl, Umdrehungsfrequenz bei Vollschritt/Halbschritt	1/s
p	Polpaarzahl des Rotors	–
$2p$	Anzahl der Pole des Rotors	–
z_v/z_h	Anzahl der Schritte pro Umdrehung bei Vollschritt-/Halbschrittbetrieb	–

29 Leistungselektronik

power electronics

29.1 Ungesteuerte Stromrichter

Schaltung		$\frac{U}{U_{di}}$	$\frac{I}{I_d}$	$\frac{U_{Br}}{U_{di}}$	$\frac{f_{Br}}{Hz}$	Puls-zahl	$\frac{S}{P_{di}}$	$\frac{U_{RRM}}{U_{di}}$
M1U	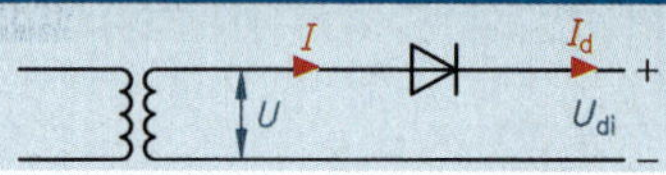	2,22	1,57	1,21	50	1	3,1	3,14
M2U	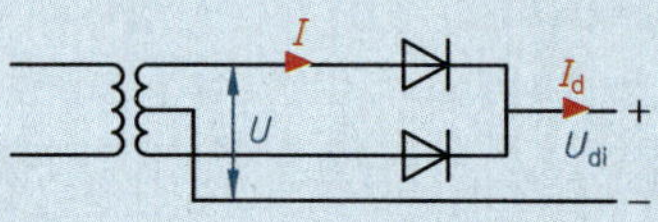	1,11	0,785	0,483	100	2	1,49	3,14
B2U	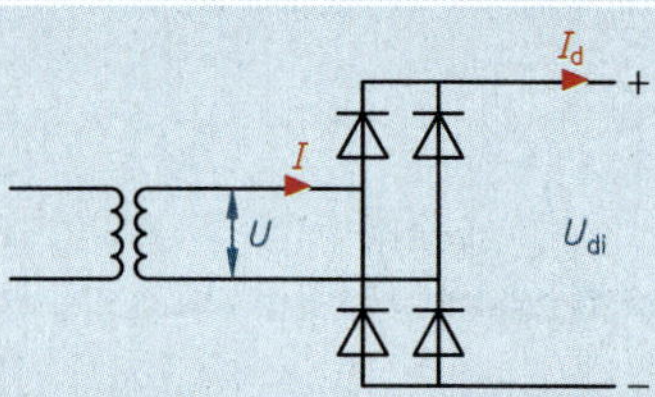	1,11	1,11	0,483	100	2	1,23	1,57
M3U	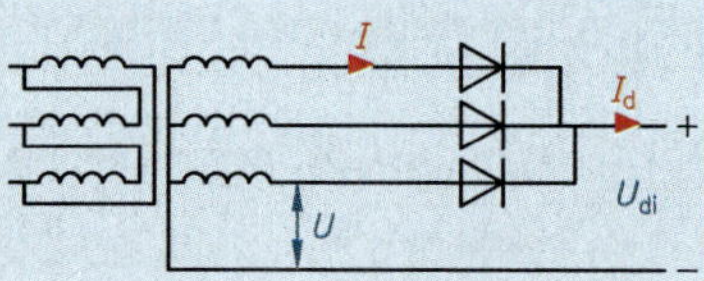	0,86	0,588	0,183	150	3	1,35	2,09
B6U	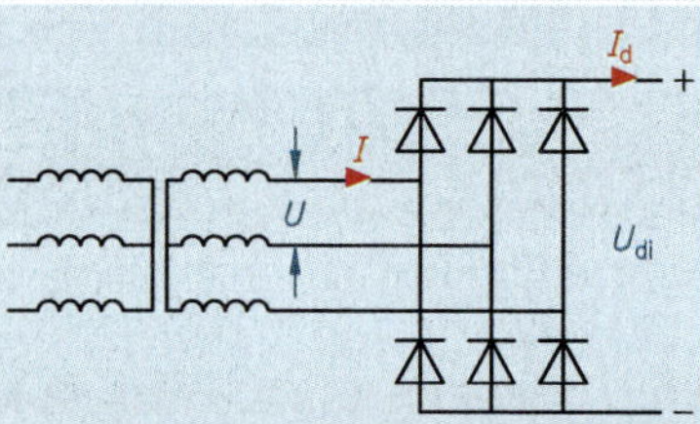	0,74	0,82	0,042	300	6	1,05	1,05

Zeichen	Bedeutung	Einheit
M1U	Einpuls-Mittelpunktschaltung	–
M2U	Zweipuls-Mittelpunktschaltung	–
M3U	Dreipuls-Mittelpunktschaltung	–
B2U	Zweipuls-Brückenschaltung	–
B6U	Sechspuls-Brückenschaltung	–
U	Effektivwert der Eingangswechselspannung	V
U_{di}	Arithmetischer Mittelwert der Ausgangsgleichspannung (idealisiert)	V
U_{Br}	Effektivwert der überlagerten Wechselspannung (Brummspannung)	V
I	Effektivwert des Eingangsstromes	A
I_d	Arithmetischer Mittelwert des Gleichstromes	A
S	Nennscheinleistung des Transformators (Bauleistung)	VA
P_{di}	Gleichstromleistung des Stromrichters	W
f_{Br}	Frequenz der überlagerten Brummspannung	Hz, s^{-1}
U_{RRM}	Höchste periodische Spitzensperrspannung der Ventile	V

29.2 Glättung des Gleichstromes

Einpuls-Mittelpunktschaltung

$$C_L \approx \frac{5 \cdot 10^{-3} \cdot I_d}{U_{Br1}}$$

bei Netzfrequenz $f = 50\,\text{Hz}$

Zweipuls-Mittelpunktschaltung
Zweipuls-Brückenschaltung

$$C_L \approx \frac{2 \cdot 10^{-3} \cdot I_d}{U_{Br1}}$$

Siebung mit R-C-Filter

$$k_s = \omega \cdot R_s \cdot C_s \qquad R_s = \frac{k_s}{\omega \cdot C_s} \qquad C_s = \frac{k_s}{\omega \cdot R_s} \qquad k_s = \frac{R_s}{X_{Cs}}$$

$$k_s = \frac{U_{Br1}}{U_{Br2}} \qquad U_{d2} = U_{d1} - I_d \cdot R_s$$

Siebung mit L-C-Filter

$$k_s = \omega^2 \cdot L_s \cdot C_s \qquad L_s = \frac{k_s}{\omega^2 \cdot C_s} \qquad C_s = \frac{k_s}{\omega^2 \cdot L_s} \qquad k_s = \frac{X_{Ls}}{X_{Cs}}$$

$$k_s = \frac{U_{Br1}}{U_{Br2}}$$

Kreisfrequenz der überlagerten Wechselspannung

$$\omega = 2 \cdot \pi \cdot f_{Br}$$

Welligkeit

$$w = \frac{U_{Br}}{U_d}$$

Zeichen	Bedeutung	Einheit
U_d	Arithmetischer Mittelwert der pulsierenden Gleichspannung	V
U_{d1}	Gleichspannung vor dem Siebglied	V
U_{d2}	Gleichspannung hinter dem Siebglied	V
U_{Br}	Effektivwert der überlagerten Wechselspannung	V
U_{Br1}	Überlagerte Wechselspannung vor dem Siebglied	V
U_{Br2}	Überlagerte Wechselspannung hinter dem Siebglied	V
I_d	Mittelwert des pulsierenden Gleichstromes	A
R_s	Siebwiderstand	Ω
X_{Ls}	Induktiver Widerstand des Siebgliedes	Ω
X_{Cs}	Kapazitiver Widerstand des Siebgliedes	Ω
k_s	Siebfaktor	–
C_L	Ladekapazität	F, (A · s)/V, s/Ω
C_s	Siebkapazität	F, (A · s)/V, s/Ω
L_s	Siebinduktivität	H, (V · s)/A, Ω · s
w	Welligkeit	–
ω	Kreisfrequenz	s^{-1}
f_{Br}	Frequenz der überlagerten Brummspannung	Hz, s^{-1}

29.3 Gesteuerte Stromrichter (gesteuerte Gleichrichter)

29.3.1 Einpulsschaltung/M1

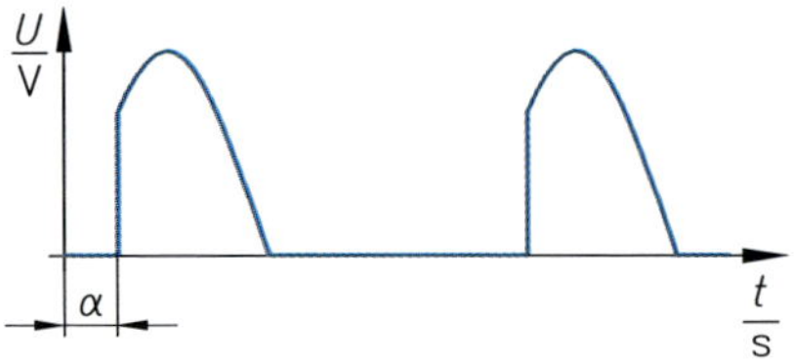

Effektivwerte

$$U_\alpha = \frac{\hat{u}}{2} \cdot \sqrt{1 - \frac{\alpha}{180°} + \frac{\sin(2\alpha)}{2\pi}}$$

$$I_\alpha = \frac{\hat{i}}{2} \cdot \sqrt{1 - \frac{\alpha}{180°} + \frac{\sin(2\alpha)}{2\pi}}$$

Mittelwerte

$$U_d = \frac{\hat{u}}{2\pi} \cdot (1 + \cos\alpha)$$

$$I_d = \frac{\hat{i}}{2\pi} \cdot (1 + \cos\alpha)$$

$P_\alpha = U_\alpha \cdot I_\alpha$ $\quad$ $P_d = U_d \cdot I_d$

29.3.2 Zweipulsschaltung/M2, B2

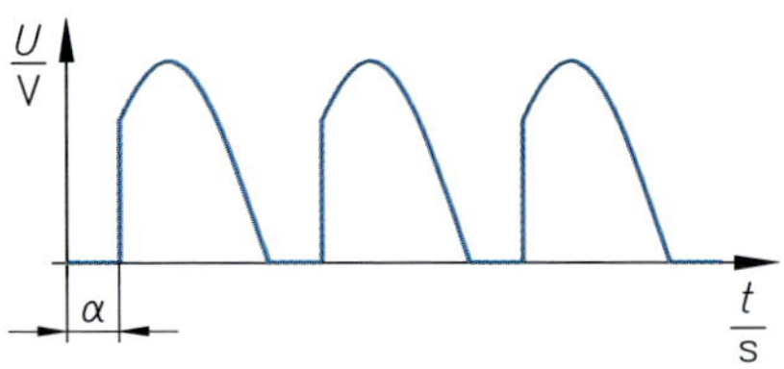

Effektivwerte

$$U_\alpha = \frac{\hat{u}}{\sqrt{2}} \cdot \sqrt{1 - \frac{\alpha}{180°} + \frac{\sin(2\alpha)}{2\pi}}$$

$$I_\alpha = \frac{\hat{i}}{\sqrt{2}} \cdot \sqrt{1 - \frac{\alpha}{180°} + \frac{\sin(2\alpha)}{2\pi}}$$

Mittelwerte

$$U_d = \frac{\hat{u}}{\pi} \cdot (1 + \cos\alpha)$$

$$I_d = \frac{\hat{i}}{\pi} \cdot (1 + \cos\alpha)$$

$P_\alpha = U_\alpha \cdot I_\alpha$ $\quad$ $P_d = U_d \cdot I_d$

Zeichen	Bedeutung	Einheit
U_α	Effektivwert der gleichgerichteten und angeschnittenen Spannung	V
I_α	Effektivwert des gleichgerichteten und angeschnittenen Stromes	A
U_d	Arithm. Mittelwert der gleichgerichteten und angeschnittenen Spannung	V
I_d	Arithm. Mittelwert des gleichgerichteten und angeschnittenen Stromes	A
$\hat{u}$	Scheitelwert der sinusförmigen Spannung	V
$\hat{i}$	Scheitelwert des sinusförmigen Stromes	A
α	Zündwinkel der Ventile	°
P_α	Leistung aus den Effektivwerten, Wärmeleistung	W
P_d	Leistung aus den arithmetischen Mittelwerten, Gleichstromleistung	W
U_α	Effektivwert der Spannung mit dem Zündwinkel α	V

29.4 Wechselstromsteller

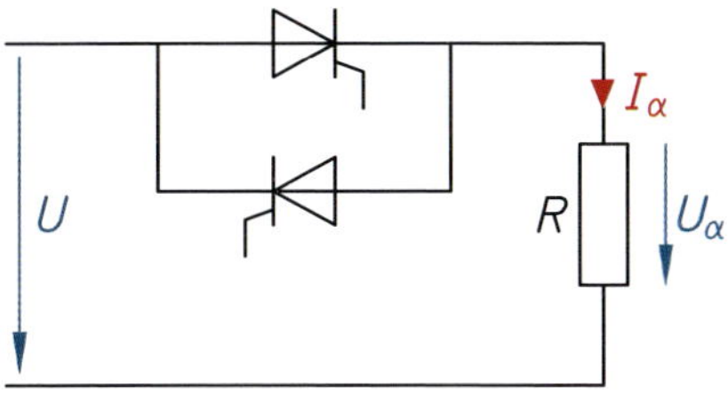

Thyristor-Schaltung

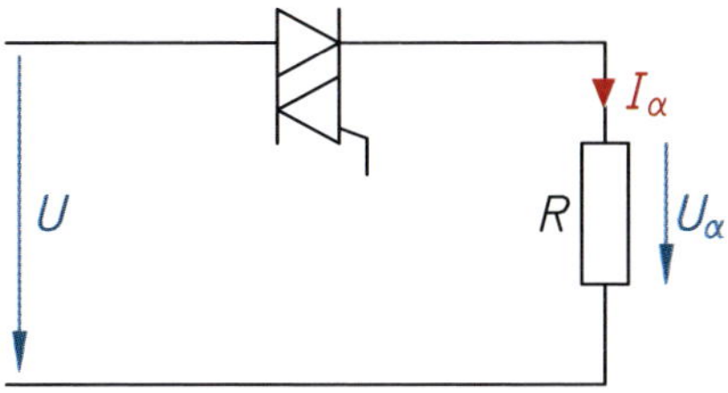

Triac-Schaltung

29.4.1 Phasenanschnittsteuerung

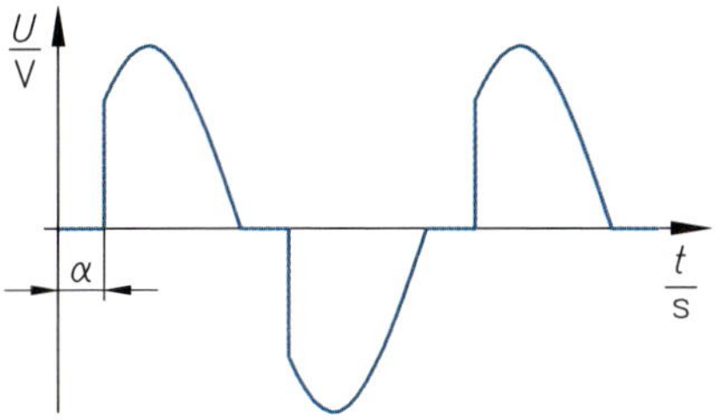

$$U_\alpha = U \cdot \sqrt{1 - \frac{\alpha}{180°} + \frac{\sin(2\alpha)}{2\pi}}$$

$$I_\alpha = I \cdot \sqrt{1 - \frac{\alpha}{180°} + \frac{\sin(2\alpha)}{2\pi}}$$

$$P_\alpha = U_\alpha \cdot I_\alpha = \frac{U_\alpha^2}{R} = I_\alpha^2 \cdot R$$

29.4.2 Schwingungspaketsteuerung (Vielperiodensteuerung)

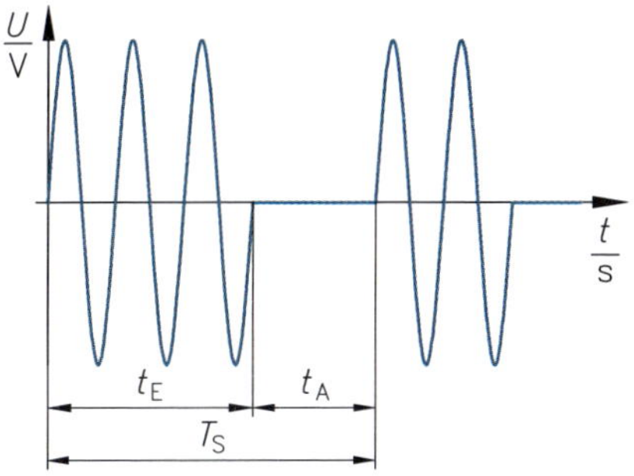

Leistung ohne Schaltpause
($t_E = T_S$ bzw. $t_A = 0$)

$$P = U \cdot I \cdot \cos\varphi$$

Leistung mit Schaltpause ($t_E < T_S$)

$$P_T = \frac{t_E}{T_S} \cdot P \qquad T_S = t_E + t_A$$

Zeichen	Bedeutung	Einheit
U	Effektivwert der Eingangsspannung, ungesteuert ($\alpha = 0$)	V
I	Effektivwert des Stromes, ungesteuert ($\alpha = 0$)	A
U_α	Effektivwert der Spannung mit dem Zündwinkel α	V
I_α	Effektivwert des Stromes mit dem Zündwinkel α	A
P	Leistungsaufnahme des Verbrauchers, ungesteuert ($\alpha = 0$)	W
P_α	Leistungsaufnahme des Verbrauchers beim Zündwinkel α	W
P_T	Leistungsaufnahme des Verbrauchers in Abhängigkeit von der Einschaltdauer	W
α	Zündwinkel der Ventile	°
t_E	Einschaltzeit des Verbrauchers	s
t_A	Ausschaltzeit des Verbrauchers (Pausenzeit)	s
T_S	Schaltperiodendauer	s
R	Widerstand	Ω

30.1 Diode oder Leuchtdiode (LED) an Gleichspannung, Vorwiderstandsberechnung

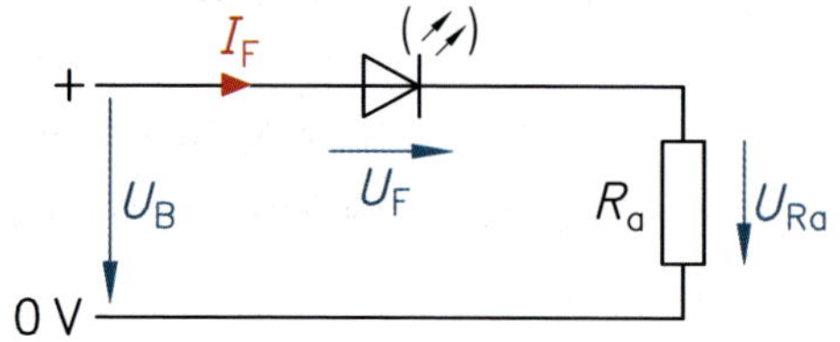

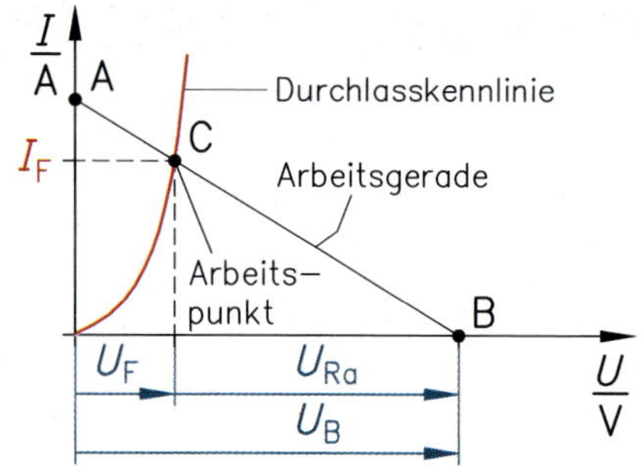

$P_v = U_F \cdot I_F$ $\qquad P_{tot} = U_F \cdot I_{Fmax}$

$P_{Ra} = (U_B - U_F) \cdot I_F$

$$R_a = \frac{U_B - U_F}{I_F}$$

$U_{Ra} = U_B - U_F$

Ermittlung der Arbeitsgeraden:

A: $I = \frac{U_B}{R_a}$

B: $U = U_B$

C: Arbeitspunkt für Reihenschaltung aus Diode und Widerstand (I_F, U_F)

$R_F = \frac{U_F}{I_F}$ $\qquad r_f = \frac{\Delta U_F}{\Delta I_F}$

30.2 Z-Diode

Spannungsstabilisierung:

1. unbelastet

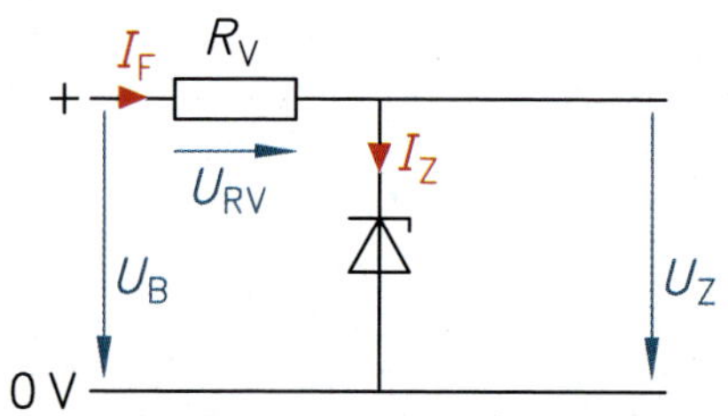

$I = I_Z$ $\quad I = \frac{U_{Rv}}{R_V}$ $\quad I = \frac{U_B - U_Z}{R_V}$

$U_B = U_Z + U_{Rv}$

$R_V = \frac{U_{Rv}}{I}$

$P_v = U_Z \cdot I_Z$ $\qquad P_{tot} = U_Z \cdot I_{Zmax}$

$r_z = \frac{\Delta U_Z}{\Delta I_Z}$

2. belastet

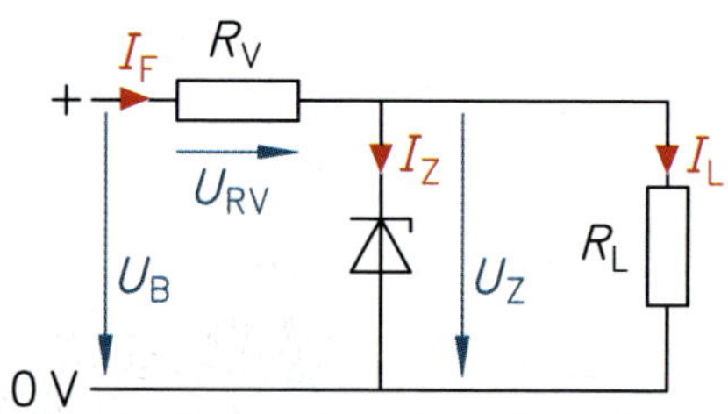

$U_B = U_Z^* + U_{Rv}$ $\qquad U_{Rv} = I \cdot R_V$

$I = I_Z + I_L$ $\quad I = \frac{U_{Rv}}{R_V}$ $\quad I = \frac{U_B - U_Z}{R_V}$

$I_L = \frac{U_Z}{R_L}$ $\quad I_L = \frac{U_B - U_Z}{R_V} - I_Z$

$R_V = \frac{U_{Rv}}{I}$ $\quad R_V = \frac{U_{Rv}}{I_L + I_Z}$ $\quad R_V = \frac{U_B - U_Z}{I}$

$R_{vmin} = \frac{U_{Bmax} - U_Z}{I_{Zmax} + I_{Lmin}}$ $\qquad R_{vmax} = \frac{U_{Bmin} - U_Z}{I_{Zmin} + I_{Lmax}}$

** Die Z-Spannung ist nicht konstant, es reicht aber: $U_Z \approx U_{Zmin} \approx U_{Zmax}$; $I_{Zmin} \approx (0{,}05 \dots 0{,}1) \times I_{Zmax}$*

Fortsetzung Spannungsstabilisierung:

$$G = \frac{\Delta U_B}{\Delta U_Z}$$

$$S = \frac{\Delta U_B \cdot U_Z}{U_B \cdot \Delta U_Z} \qquad S = \frac{U_Z}{U_B} \cdot G$$

bei großem Widerstand gilt: $S \approx \frac{R_V \cdot U_Z}{r_z \cdot U_B}$

für Lastschwankungen gilt: $\Delta U_Z \approx \Delta I_L \cdot r_z$

für Schwankungen in der Versorgungsspannung gilt: $\Delta U_Z \approx \frac{\Delta U_B \cdot r_Z}{R_V}$

Zeichen	Bedeutung	Einheit
U_B	Betriebsspannung	V
U_F	Durchlassspannung	V
U_Z	Z-Spannung	V
U_{Rv}	Spannung am Vorwiderstand	V
U_{Ra}	Spannung am Lastwiderstand	V
ΔU_F	Spannungsänderung in Durchlassrichtung	V
ΔU_B	Schwankung der Betriebsspannung	V
ΔU_Z	Schwankung der Z-Spannung	V
U_{Bmax}	Höchstwert der Betriebsspannung	V
U_{Bmin}	Mindestwert der Betriebsspannung	V
I	Stromstärke	A
I_F	Durchlassstrom	A
I_Z	Z-Strom	A
I_L	Laststrom	A
I_{Fmax}	Maximal zulässiger Strom in Durchlassrichtung	A
I_{Lmax}	Höchstwert des Laststromes	A
I_{Lmin}	Mindestwert des Laststromes	A
I_{Zmax}	Höchstwert des Z-Stromes	A
I_{Zmin}	Mindestwert des Z-Stromes	A
ΔI	Stromänderung	A
ΔI_L	Laststromänderung	A
ΔI_F	Laststromänderung in Durchlassrichtung	A
ΔI_Z	Z-Stromänderung	A
R_F	Gleichstromwiderstand in Durchlassrichtung	Ω
r_f	Differenzieller Widerstand in Durchlassrichtung	Ω
r_z	Differenzieller Widerstand der Z-Diode	Ω
R_V	Vorwiderstand	Ω
R_{vmax}	Höchstwert des Vorwiderstandes	Ω
R_{vmin}	Mindestwert des Vorwiderstandes	Ω
R_L, R_a	Lastwiderstand	Ω
P_v	Verlustleistung	W
P_{tot}	Maximal zulässige Verlustleistung	W
P_{Ra}	Leistung des Lastwiderstandes	W
G	Glättungsfaktor	–
S	Stabilisierungsfaktor	–

30.3 Transistor

30.3.1 Transistorgrößen

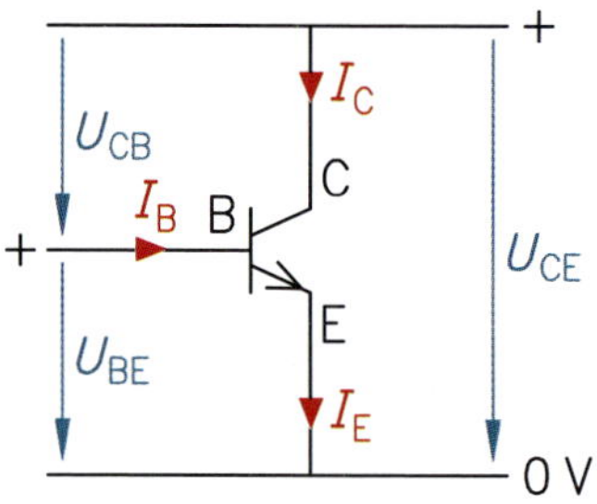

NPN-Transistor

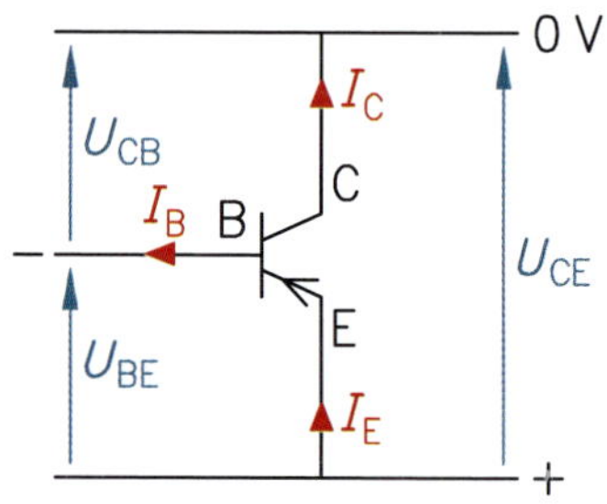

PNP-Transistor

$$U_{CE} = U_{CB} + U_{BE}$$

$$I_E = I_C + I_B$$

$$B = \frac{I_C}{I_B} \qquad I_C = B \cdot I_B$$

$$P_{tot} = U_{CE} \cdot I_C + U_{BE} \cdot I_B$$

$$P_{tot} \approx U_{CE} \cdot I_C$$

30.3.2 Transistor als Schalter

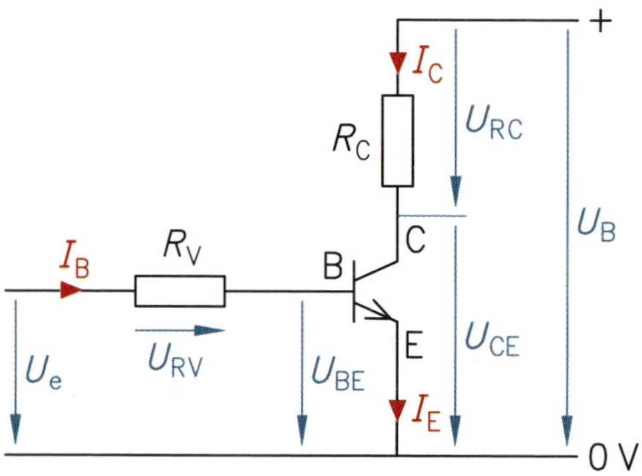

$$R_C = \frac{U_{RC}}{I_C}$$

$$I_E = I_C + I_B \qquad I_E \approx I_C$$

$$R_V = \frac{U_e - U_{BE}}{I_B}$$

$$I_C = \mathrm{B} \cdot I_B$$

$$P = U_{RC} \cdot I_C \qquad P \approx U_B \cdot I_C$$

$$P_V \approx U_{CE} \cdot I_C$$

Damit sicher geschaltet wird, ist eine Übersteuerung üblich: $I_B = (1 \ldots 3) \cdot I_B$

Zeichen	Bedeutung	Einheit
U_B	Betriebsspannung	V
U_{RC}	Spannung am Kollektorwiderstand	V
U_{CE}	Kollektor-Emitter-Spannung	V
U_{CB}	Kollektor-Basis-Spannung	V
U_{BE}	Basis-Emitter-Spannung	V
U_e	Eingangsspannung	V
I_C	Kollektorstrom	A
I_B	Basisstrom	A
I_E	Emitterstrom	A
R_C	Kollektorwiderstand, Lastwiderstand	Ω
R_v	Basisvorwiderstand	Ω
P	Schaltleistung	W
P_v	Transistorverlustleistung	W
P_{tot}	Maximal zulässige Verlustleistung	W
B	Stromverstärkungsfaktor	–

30.4 Kippstufen

30.4.1 Bistabile Kippstufe (Flipflop)
(zwei stabile Zustände)

$R_1 = R_2$

$R_3 = R_4$

$R_5 = R_6$

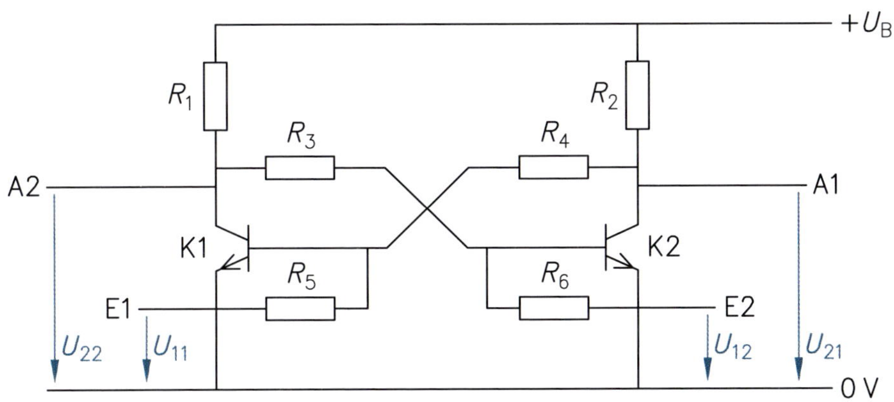

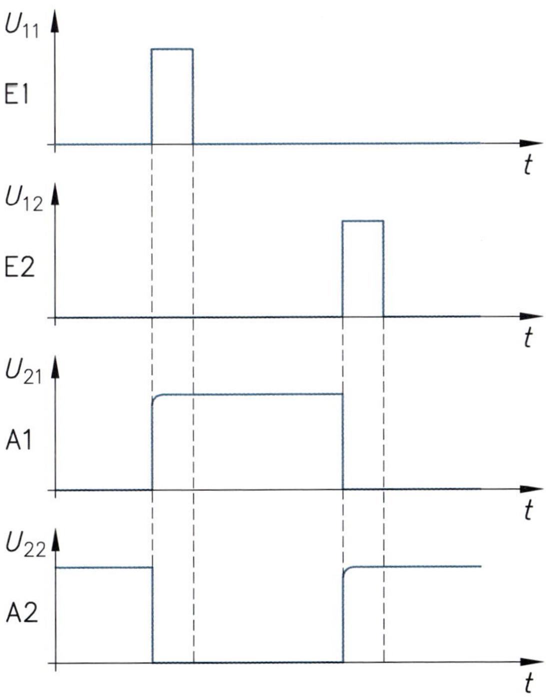

Zeitablaufdiagramm

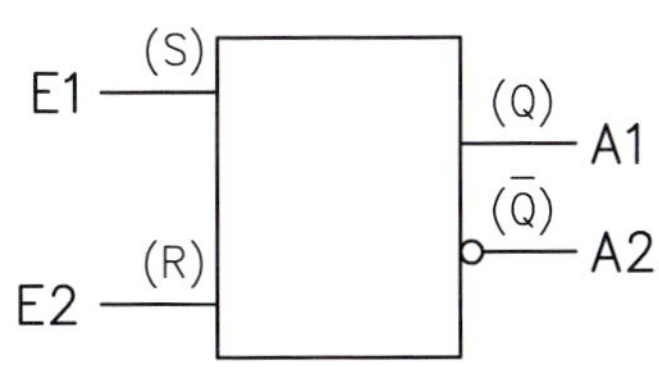

U_1 = Eingangsspannung (U_{11}, U_{12}); U_2 = Ausgangsspannung (U_{21}, U_{22})

30.4.2 Monostabile Kippstufe (Monoflop)

(ein stabiler Zustand)

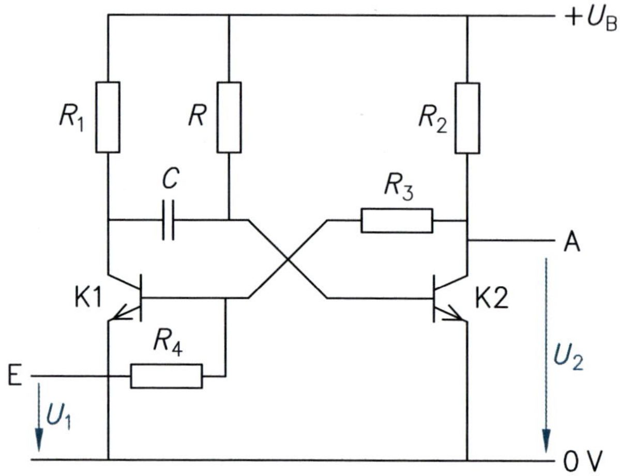

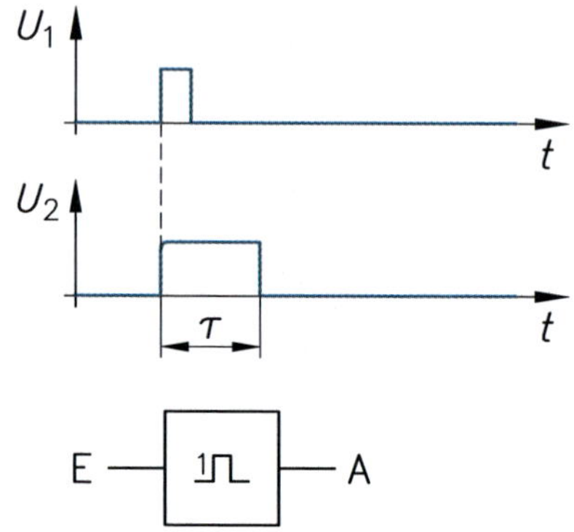

τ = Impulsdauer $\quad \tau \approx 0{,}7 \cdot R \cdot C$

30.4.3 Astabile Kippstufe

(kein stabiler Zustand)

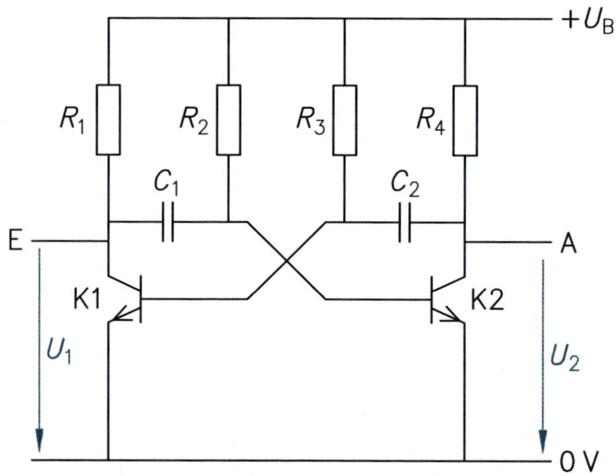

Erzeuger von Rechteckspannungen (Multivibrator)

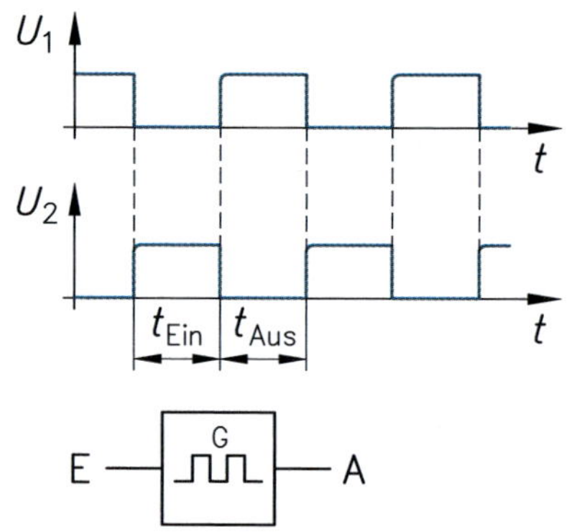

$$t_{Ein} \approx 0{,}7 \cdot C_1 \cdot R_2$$

$$t_{Aus} \approx 0{,}7 \cdot C_2 \cdot R_3$$

$$f = \frac{1}{0{,}7 \cdot C_1 \cdot R_2 + 0{,}7 \cdot C_2 \cdot R_3}$$

Zeichen	Bedeutung	Einheit
τ	Impulsdauer	s
t_{Ein}	Einschaltzeit	s
t_{Aus}	Ausschaltzeit	s
f	Frequenz	Hz, s^{-1}
C_1, C_2	Kondensatoren	F, (A · s)/V, s/Ω
R_1 ... R_4	Widerstände	Ω

30.4.4 Schmitt-Trigger

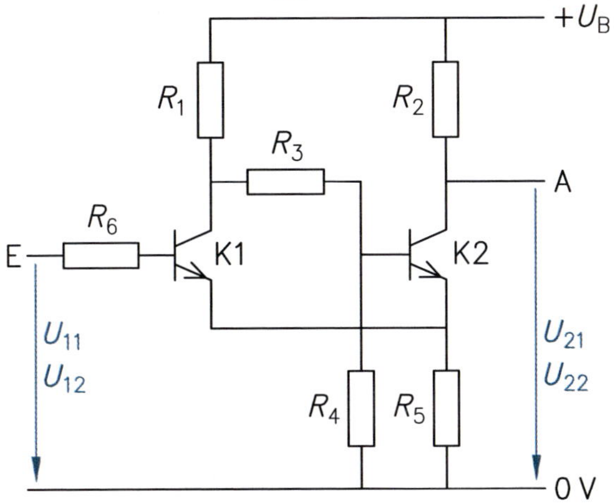

Schwellwertschalter (Impulsformer)

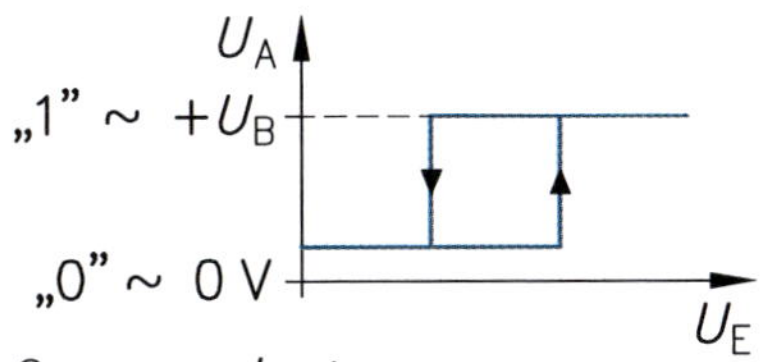

Spannungshysterese

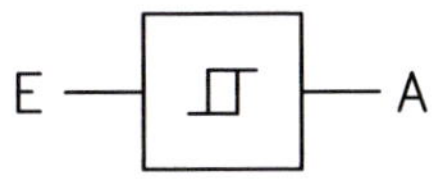

Schaltkurzzeichen

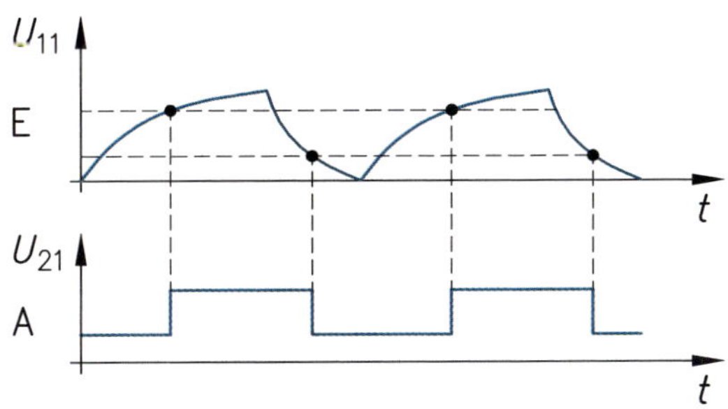

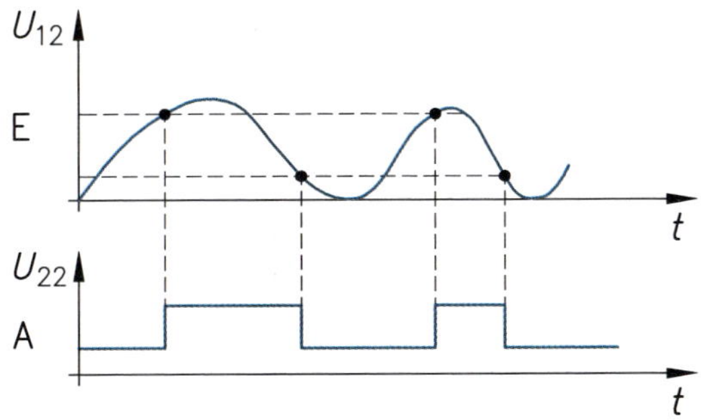

30.5 Transistor als Verstärker

30.5.1 Emitterschaltung

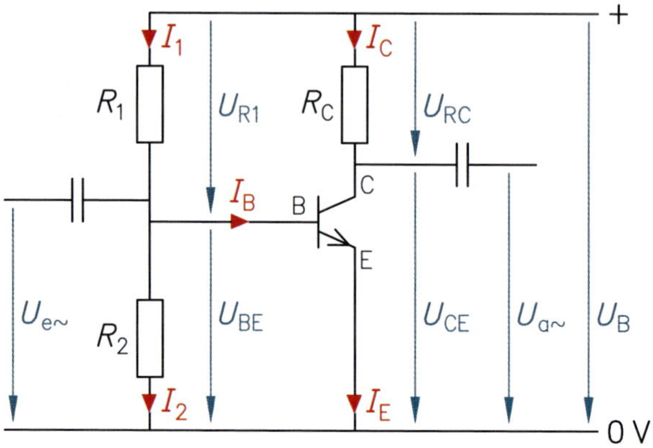

$U_{RC} = I_C \cdot R_C$

$U_{CE} = U_B - U_{RC}$

$I_C = B \cdot I_B$

$I_E = I_B + I_C$

$I_2 = (5 \ldots 10) \cdot I_B$

$R_2 = \dfrac{U_{BE}}{I_2}$

$R_1 = \dfrac{U_B - U_{BE}}{I_1}$ $\quad R_1 = \dfrac{U_B - U_{BE}}{I_B + I_2}$

30.5.2 Arbeitspunktstabilisierung durch Emitterwiderstand (Stromgegenkopplung)

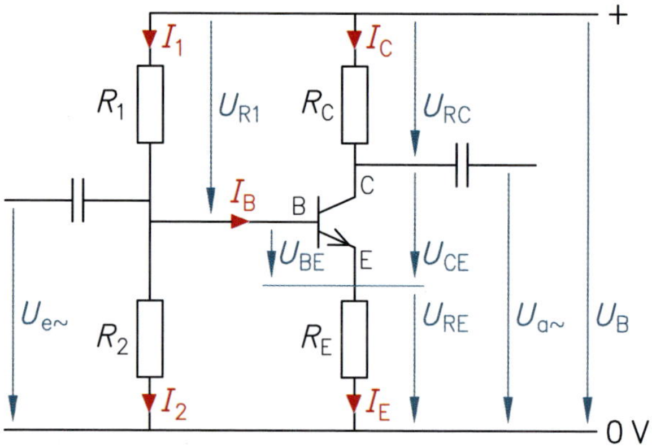

$U_{RC} = U_B - U_{CE} - U_{RE}$

$U_{CE} = U_B - U_{RC} - U_{RE}$

$R_L = R_C + R_E$

für Betrieb im Arbeitspunkt A:

$U_{CE} \approx \dfrac{1}{2}\, U_B$

$R_C = \dfrac{U_{RC}}{I_{C(A)}}$ $\quad R_C = \dfrac{U_B - U_{CE} - U_{RE}}{I_{C(A)}}$

$R_E = \dfrac{U_{RE}}{I_B + I_C}$ $\quad U_{RE} \approx 0{,}1 \cdot U_B$

$R_E \approx 0{,}1 \cdot R_C$

$I_C = B \cdot I_B$

$I_E = I_C + I_B$ $\quad I_E \approx I_C$

$I_2 = (5 \ldots 10 \cdot I_B)$ $\quad q = \dfrac{I_2}{I_B}$

$I_1 = I_2 + I_B$

$R_2 = \dfrac{U_{BE} + U_{RE}}{I_2}$

$R_1 = \dfrac{U_{R1}}{I_1}$ $\quad R_1 = \dfrac{U_B - U_{BE} - U_{RE}}{I_2 + I_B}$

$P_{tot} = U_{CE} \cdot I_C + U_{BE} \cdot I_B$

$P_{tot} \approx U_{CE} \cdot I_C$

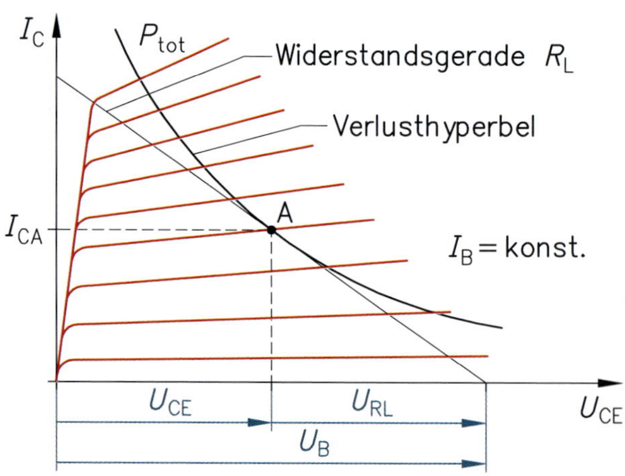

Ausgangskennlinienfeld

30.5.3 Arbeitspunktstabilisierung durch Widerstand zwischen Kollektor und Basis (Spannungsgegenkopplung)

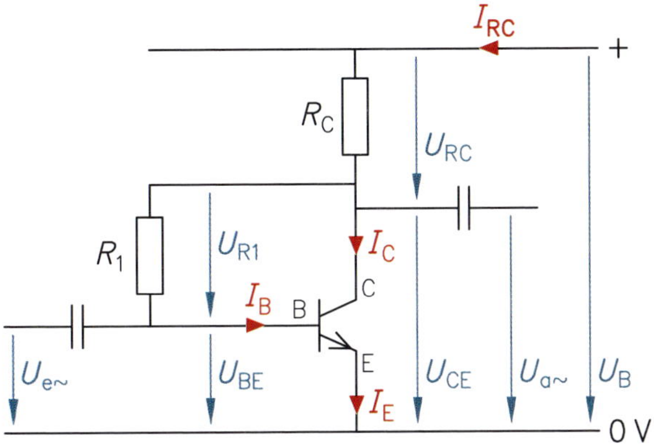

$$U_{RC} \geq 0{,}2 \cdot U_B$$

$$I_{RC} = I_C + I_B$$

$$U_{R1} = U_{CE} - U_{BE}$$

$$R_1 = \frac{U_{R1}}{I_B} \qquad R_1 = \frac{U_B - U_{RC} - U_{BE}}{I_B}$$

$$I_B = \frac{U_{R1}}{R_1}$$

Zeichen	Bedeutung	Einheit
U_B	Betriebsspannung	V
U_{CE}, U_{BE}	Kollektor-Emitter-Spannung, Basis-Emitter-Spannung	V
U_{RC}, U_{RE}	Spannung am Kollektorwiderstand, am Emitterwiderstand	V
U_{R1}, U_{R2}	Spannungen am Spannungsteiler	V
$U_{e\sim}$, $U_{a\sim}$	Eingangsspannung, Ausgangsspannung	V
I_C, $I_{C(A)}$	Kollektorstrom, Kollektorstrom im Arbeitspunkt	A
I_{RC}	Strom im Kollektorwiderstand	A
I_B, I_E	Basisstrom, Emitterstrom	A
I_1, I_2	Ströme im Spannungsteiler	A
R_C, R_L, R_E	Kollektorwiderstand, Lastwiderstand, Emitterwiderstand	Ω
R_1, R_2	Spannungsteilerwiderstände	Ω
q	Querstromverhältnis	–
B	Stromverstärkungsfaktor	–
P_{tot}	Maximal zulässige Verlustleistung	W

30.6 Spannungsstabilisierung

(Serienstabilisierung durch Längstransistor und Z-Diode)

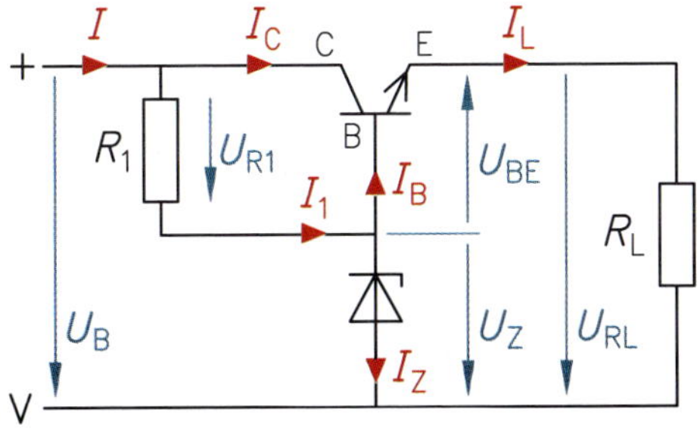

$$I_1 = I_B + I_Z$$

$$I_L = I_E = I_B + I_C$$

$$I_L = \frac{U_{RL}}{R_L} \qquad U_{RL} = I_L \cdot R_L \qquad U_{RL} = U_Z - U_{BE}$$

$$I = I_C + I_1 \qquad I_C = B \cdot I_B \qquad U_{R1} = U_B - U_Z$$

$$R_1 = \frac{U_{R1}}{I_1} \qquad R_1 = \frac{U_B - U_Z}{I_B + I_Z}$$

Zeichen	Bedeutung	Einheit
U_B	Betriebsspannung	V
U_{BE}	Basis-Emitter-Spannung	V
U_Z	Z-Spannung	V
U_{R1}	Spannung am Vorwiderstand	V
U_{RL}	Spannung am Lastwiderstand	V
I	Gesamtstromstärke	A
I_1	Strom im Vorwiderstand	A
I_B	Basisstrom	A
I_C	Kollektorstrom	A
I_E	Emitterstrom	A
I_L	Laststrom	A
I_Z	Z-Strom	A
R_L	Lastwiderstand	Ω
R_1	Vorwiderstand	Ω
B	Stromverstärkungsfaktor	–

30.7 Feldeffekttransistoren (FET), Einstellung des Arbeitspunktes

Die Formeln gelten für alle Arten von Feldeffekttransistoren.

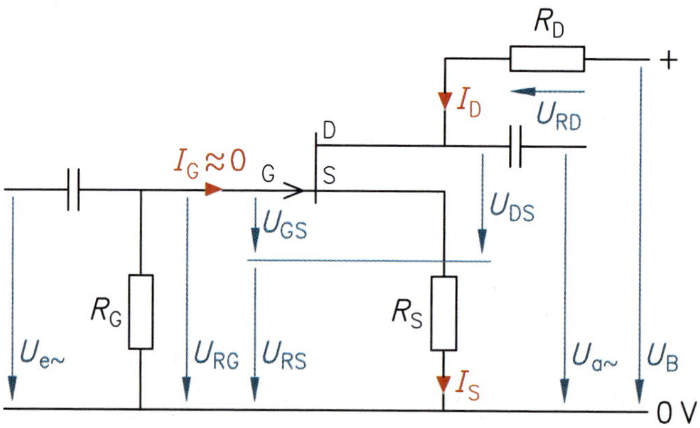

$$I_D \approx I_S$$

$$U_{RG} = U_{GS} + U_{RS}$$

$$R_S = \frac{U_{RS}}{I_S} \qquad R_S \approx \frac{U_{RS}}{I_D}$$

$$U_B = U_{RD} + U_{DS} + U_{RS}$$

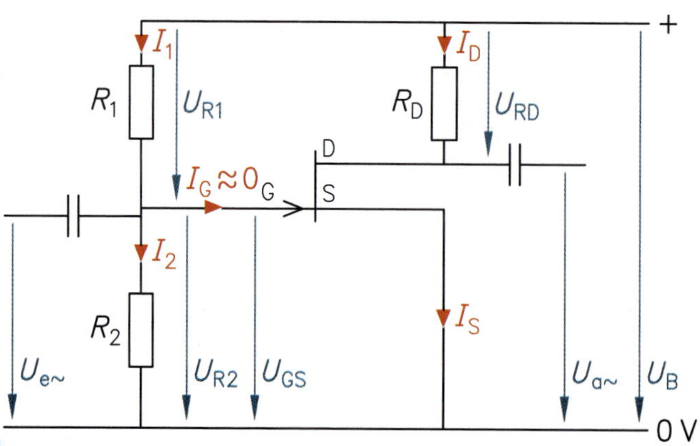

$$U_B = U_{RD} + U_{DS}$$

$$U_{GS} = U_{R2}$$

$$I_1 \approx I_2 \qquad I_G \approx 0$$

$$I_D = \frac{U_{RD}}{R_D} \qquad I_D \approx I_S$$

$$R_1 = \frac{U_B - U_{GS}}{I_1}$$

$$R_2 = \frac{U_{GS}}{I_2} \qquad R_2 = \frac{U_B - U_{R1}}{I_2}$$

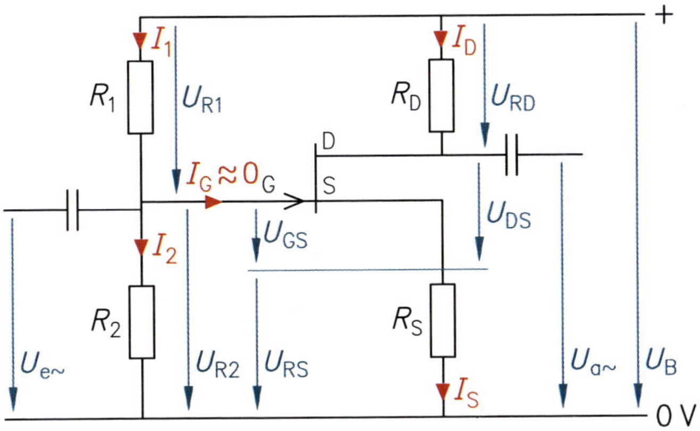

$U_B = U_{RD} + U_{DS} + U_{RS}$ $\quad$ $U_{GS} = U_{R2} - U_{RS}$

$I_1 \approx I_2$ $\quad$ $I_G \approx 0$ $\quad$ $I_D \approx I_S$

$$R_1 = \frac{U_B - U_{R2}}{I_1} \qquad R_2 = \frac{U_B - U_{R1}}{I_2} \qquad R_2 = \frac{U_{GS} + U_{RS}}{I_2}$$

Zeichen	Bedeutung	Einheit
G	Gate (Ansteuerung)	–
D	Drain („Abfluss“)	–
S	Source („Zufluss“)	–
U_B	Betriebsspannung	V
U_{RD}	Spannung am Drainwiderstand	V
U_{GS}	Gate-Source-Spannung	V
U_{DS}	Drain-Source-Spannung	V
U_{RS}	Spannung am Sourcewiderstand	V
U_{RG}	Spannung am Gatewiderstand	V
U_{R1}, U_{R2}	Spannungen am Spannungsteiler	V
$U_{e\sim}$	Eingangsspannung	V
$U_{a\sim}$	Ausgangsspannung	V
I_D	Drainstrom	A
I_G	Gatestrom	A
I_S	Sourcestrom	A
I_1, I_2	Ströme im Spannungsteiler	A
R_D	Drainwiderstand	Ω
R_S	Sourcewiderstand	Ω
R_G	Gatewiderstand	Ω
R_1, R_2	Spannungsteilerwiderstände	Ω

30.8 Operationsverstärker – Grundschaltungen

30.8.1 Invertierender Verstärker

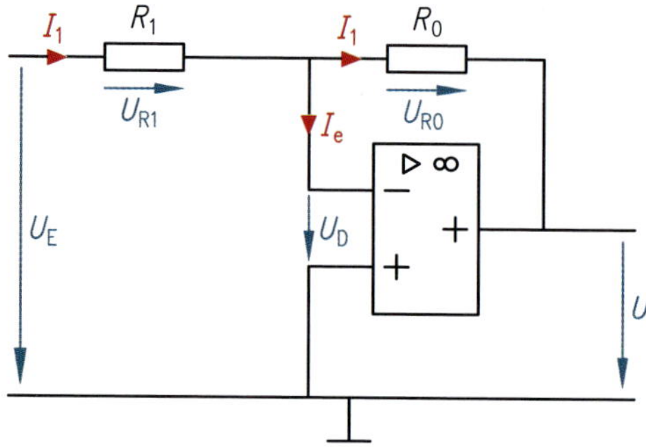

$I_e \approx 0$ $\quad U_D \approx 0$

$U_E \approx U_{R1}$ $\quad U_A = -U_{R0}$

$$V_U = -\frac{U_A}{U_E} = \frac{U_{R0}}{U_{R1}} = \frac{R_0}{R_1}$$

$$U_A = -\frac{R_0}{R_1} \cdot U_E$$

30.8.2 Nichtinvertierender Verstärker

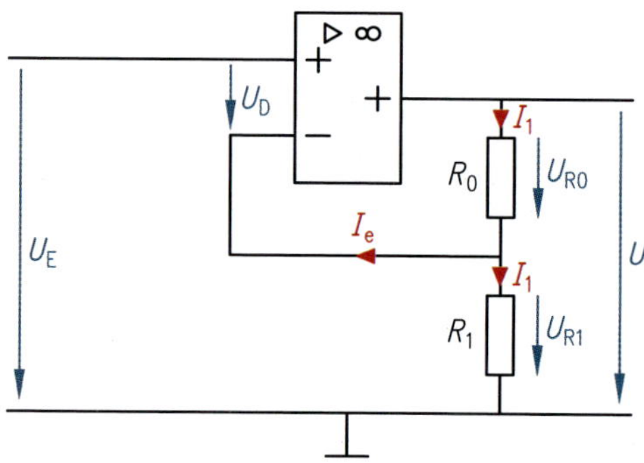

$I_e \approx 0$ $\quad U_D \approx 0$

$U_E \approx U_{R1}$ $\quad U_A = U_{R0} + U_{R1}$

$$V_U = \frac{U_A}{U_E} = \frac{U_{R0} + U_{R1}}{U_{R1}} = \frac{U_{R0}}{U_{R1}} + 1$$

$$\frac{U_{R0}}{U_{R1}} = \frac{R_0}{R_1} \qquad V_U = \frac{R_0}{R_1} + 1$$

$$U_A = \left(\frac{R_0}{R_1} + 1\right) U_E$$

30.8.3 Summierverstärker (Addierer)

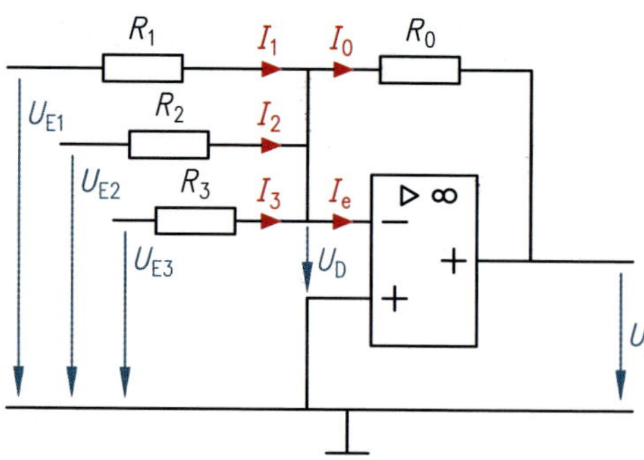

$$I_1 = \frac{U_{E1}}{R_1} \qquad I_0 = \frac{U_A}{R_0}$$

$$I_2 = \frac{U_{E2}}{R_2} \qquad I_e \approx 0$$

$$I_3 = \frac{U_{E3}}{R_3} \qquad U_D \approx 0$$

$$I_0 = I_1 + I_2 + I_3$$

$$-\frac{U_A}{R_0} = \frac{U_{E1}}{R_1} + \frac{U_{E2}}{R_2} + \frac{U_{E3}}{R_3}$$

$$U_A = -R_0 \left(\frac{U_{E1}}{R_1} + \frac{U_{E2}}{R_2} + \frac{U_{E3}}{R_3}\right)$$

Zeichen	Bedeutung	Einheit
U_E, U_{E1}	Eingangsspannungen	V
U_{E2}, U_{E3}	Eingangsspannungen	V
U_D	Spannung am Differenzeingang	V
U_{R1}	Spannung am Eingangswiderstand	V
U_{R0}	Spannung am Rückkopplungswiderstand	V
U_A	Ausgangsspannung	V

Zeichen	Bedeutung	Einheit
V_U	Spannungsverstärkung	–
R_1, R_2, R_3	Widerstände im Eingangskreis	Ω
R_0	Rückkopplungswiderstand	Ω
I_1, I_2, I_3	Strom durch die Widerstände R_1, R_2, R_3	A
I_0	Strom durch den Rückkopplungswiderstand	A
I_e	Strom in den Differenzeingang	A

30.9 Digitaltechnik

30.9.1 Grundbausteine der Digitaltechnik

Baustein	Schaltzeichen	Wertetabelle	Funktionsgleichung
UND-Element (AND)	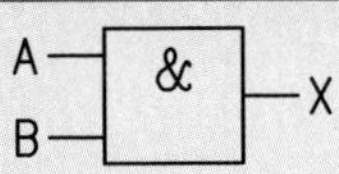	A B X 0 0 0 0 1 0 1 0 0 1 1 1	$X = A \wedge B$
ODER-Element (OR)	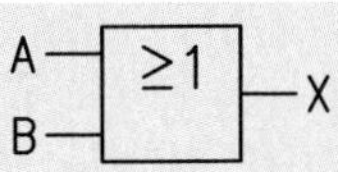	A B X 0 0 0 0 1 1 1 0 1 1 1 1	$X = A \vee B$
NICHT-Element (Negator)	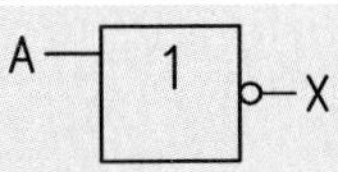	A X 0 1 1 0	$X = \overline{A}$
NAND-Element	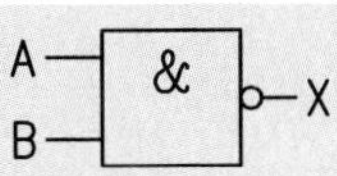	A B X 0 0 1 0 1 1 1 0 1 1 1 0	$X = \overline{A \wedge B}$
NOR-Element	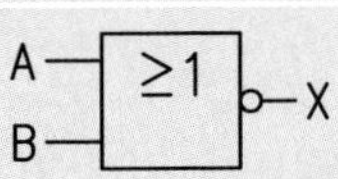	A B X 0 0 1 0 1 0 1 0 0 1 1 0	$X = \overline{A \vee B}$
EXCLUSIV-ODER-Element (XOR)	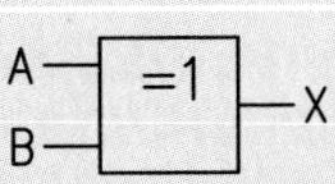	A B X 0 0 0 0 1 1 1 0 1 1 1 0	$X = (\overline{A} \wedge B) \vee (A \wedge \overline{B})$

30.9.2 Schaltalgebra

1. Verbindungsgesetz (Assoziativgesetz)

a)

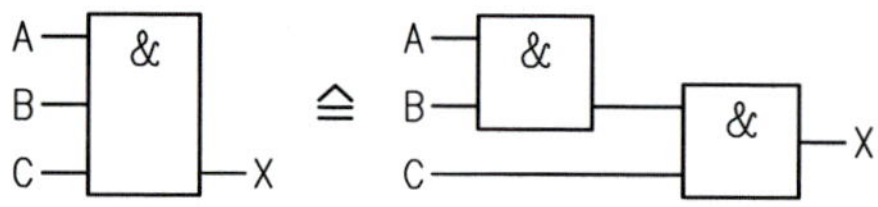

$X = A \wedge B \wedge C \mathrel{\hat{=}} X = (A \wedge B) \wedge C$
$X = A \wedge B \wedge C \mathrel{\hat{=}} X = A \wedge (B \wedge C)$
$X = A \wedge B \wedge C \mathrel{\hat{=}} X = (A \wedge C) \wedge B$

b)

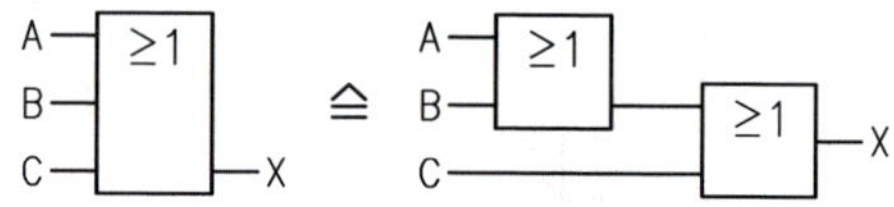

$X = A \vee B \vee C \mathrel{\hat{=}} X = (A \vee B) \vee C$
$X = A \vee B \vee C \mathrel{\hat{=}} X = A \vee (B \vee C)$
$X = A \vee B \vee C \mathrel{\hat{=}} X = (A \vee C) \vee B$

2. Verteilungsgesetz (Distributivgesetz)

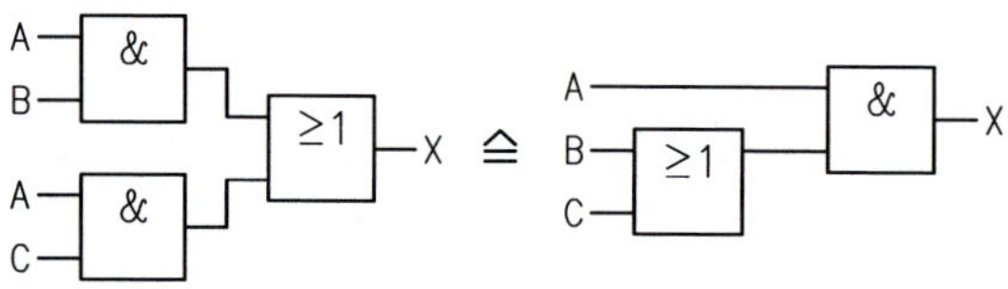

$X = A \wedge B \vee A \wedge C \mathrel{\hat{=}} X = A \wedge (B \vee C)$

3. Aufhebungsgesetz (Absorptionsgesetz)

a)

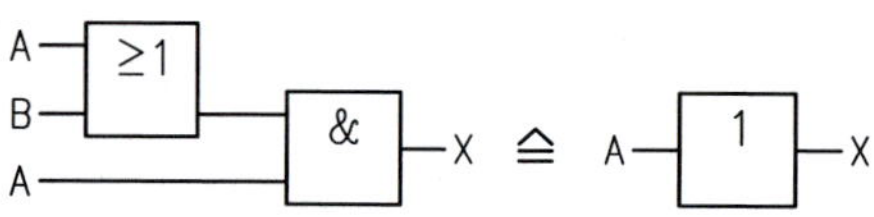

$X = (A \vee B) \wedge A \mathrel{\hat{=}} X = A$

b)

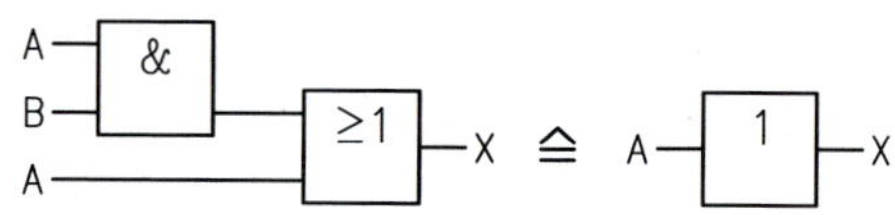

$X = (A \wedge B) \vee A \mathrel{\hat{=}} X = A$

4. De-morgansches Gesetz

a)

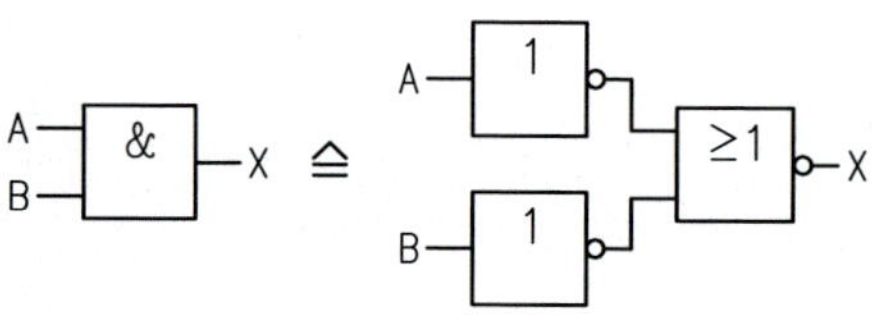

$X = A \wedge B \mathrel{\hat{=}} X = \overline{\overline{A} \vee \overline{B}}$

b)

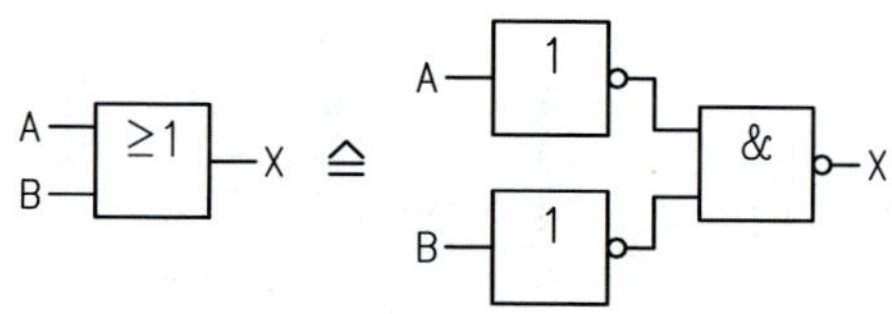

$X = A \vee B \mathrel{\hat{=}} X = \overline{\overline{A} \wedge \overline{B}}$

c)

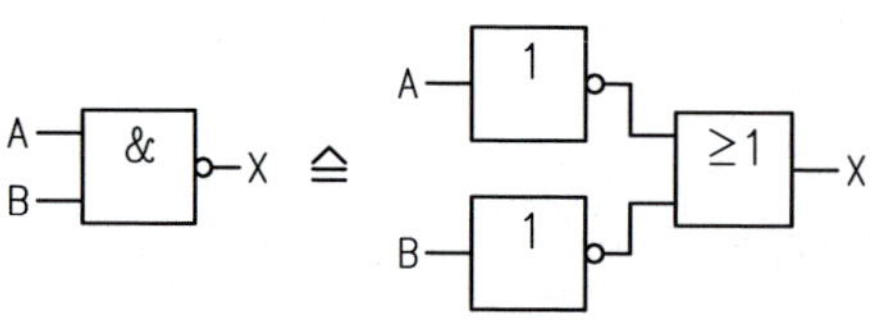

$X = \overline{A \wedge B} \mathrel{\hat{=}} X = \overline{A} \vee \overline{B}$

d)

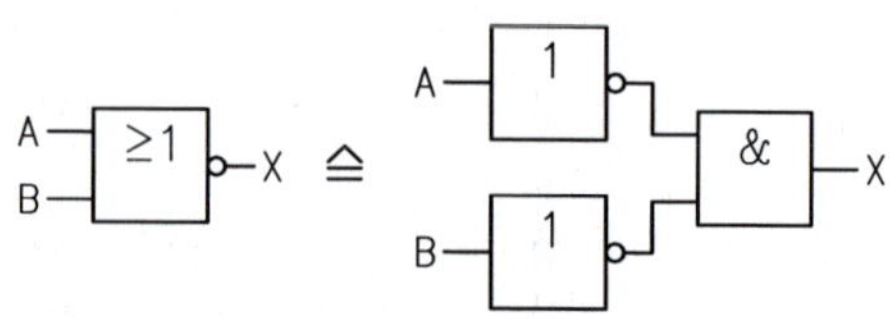

$X = \overline{A \vee B} \mathrel{\hat{=}} X = \overline{A} \wedge \overline{B}$

30.10 Wärmeableitung bei Halbleiterbauelementen

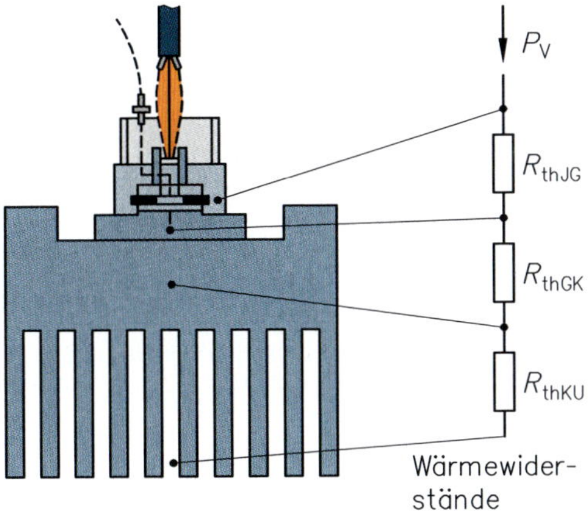

Prinzipskizze: Halbleiterbauelemente mit Kühlkörper

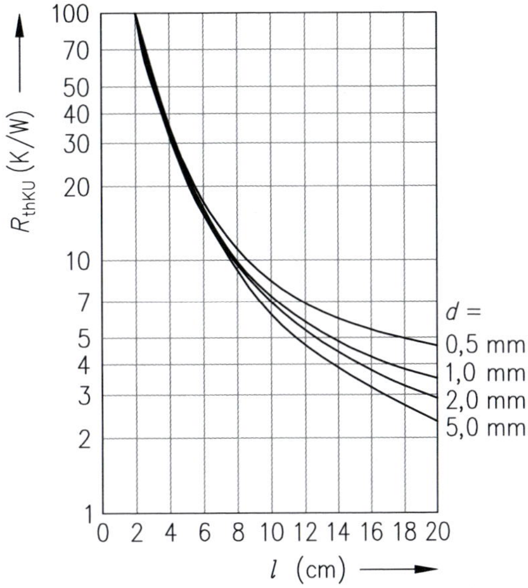

Wärmewiderstand quadratischer Aluminiumbleche

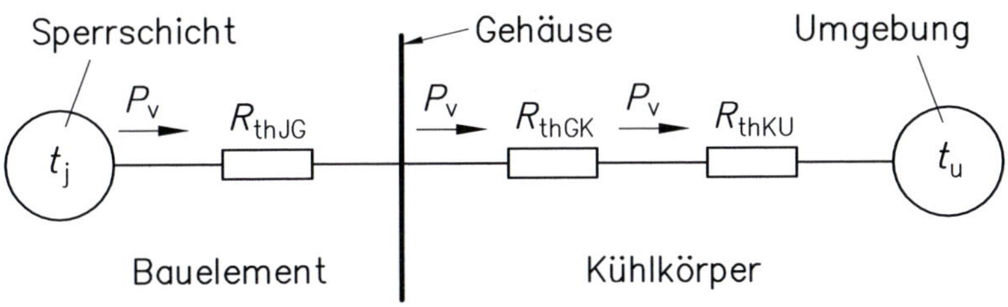

$$P_v = \frac{t_j - t_u}{R_{th\,JU}}$$

$$R_{thJU} = R_{thJG} + R_{thGK} + R_{thKU}$$

Zeichen	Bedeutung	Einheit
t_u	Umgebungstemperatur	°C
t_j	Sperrschichttemperatur (j = junction)	°C
P_v	Transistor-, Thyristor-, Dioden-Verlustleistung	W
$R_{th\,JG}$	Wärmewiderstand zwischen Sperrschicht und Gehäuse	K/W
$R_{th\,GK}$	Wärmewiderstand zwischen Gehäuse und Kühlkörper	K/W
$R_{th\,JU}$	Wärmewiderstand zwischen Sperrschicht und Umgebung	K/W
$R_{th\,KU}$	Kühlkörper-Wärmewiderstand	K/W
d	Blechstärke	mm
l	Kantenlänge senkrecht stehender, blanker quadratischer Aluminiumbleche	cm

(Bei waagerechter Montage des Bleches muss der Kühlkörper-Wärmewiderstand mit dem Faktor 1,3 und bei geschwärzter Oberfläche mit dem Faktor 0,7 multipliziert werden.)

30.11 Dämpfung, Verstärkung, Pegel

Dämpfungsfaktor	Verstärkungsfaktor
$D = \frac{P_1}{P_2}$ $\quad D_u = \frac{U_1}{U_2}$	$T = \frac{P_2}{P_1}$ $\quad T_u = \frac{U_2}{U_1}$

Dämpfungsmaß, Verstärkungsmaß

$$a = 10 \lg \frac{P_1}{P_2} \text{ dB} \qquad P_1 = P_2 10^{\frac{a}{10 \text{ dB}}} \qquad P_2 = \frac{P_1}{10^{\frac{a}{10 \text{ dB}}}}$$

$$a_u = 20 \lg \frac{U_1}{U_2} \text{ dB} \qquad U_1 = U_2 10^{\frac{a_u}{20 \text{ dB}}} \qquad U_2 = \frac{U_1}{10^{\frac{a_u}{20 \text{ dB}}}}$$

Anmerkung: Verstärkungsmaße erhalten ein negatives Vorzeichen!

Übertragungsstrecke mit mehreren Übertragungsgliedern

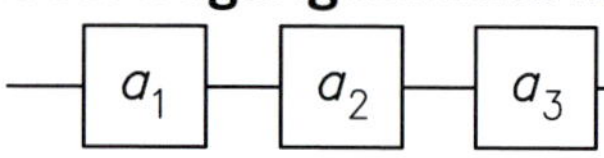

$a = a_1 + a_2 + a_3$

Anmerkung: Vorzeichen beachten!

Antennentechnik

Relativer Pegel:
dBµV ⇒ Spannungspegel, bezogen auf 1 µV an 75 Ω;
dBF ⇒ Leistungspegel, bezogen auf 10^{-15} W

Mechanische Belastbarkeit von Antennenstandrohren

$M_1 = F_1 \cdot l_1$

$M = M_1 + M_2 + M_3$

$M = F_1 \cdot l_1 + F_2 \cdot l_2 + F_3 \cdot l_3$

$M_z \geq M$

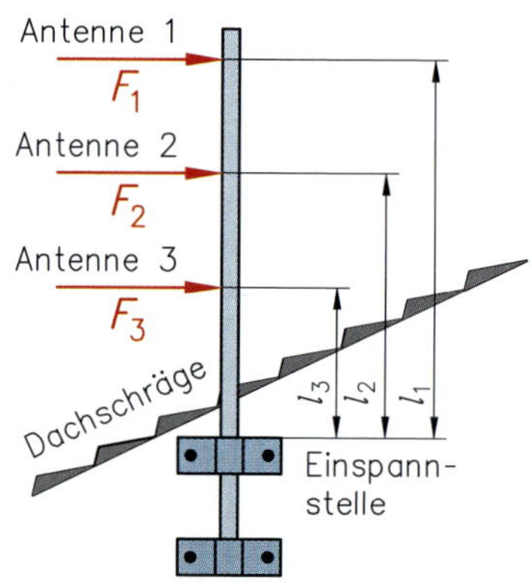

Anmerkung: Querschnitt der Erdungsleitung für den Antennenmast ≥ 16 mm^2 Cu

Zeichen	Bedeutung	Einheit
a, a_u	Dämpfungs-, Verstärkungsmaß, logarithm. Verhältnis der Leistungen in Dezibel, der Spannungen in Dezibel	dB
D, D_u	Leistungsdämpfungsfaktor, Spannungsdämpfungsfaktor	1
F_1, F_2, F_3	Windlasten der Antennen nach Herstellerangaben	N
l_1, l_2, l_3	Abstand der einzelnen Antennen von der Einspannstelle	m
M_1, M_2, M_3	Biegemomente der einzelnen Antennen auf das Standrohr	Nm
M	Gesamtbiegemoment auf das Antennenstandrohr	Nm
M_z	Maximal zulässiges Biegemoment des Standrohres (Herstellerangabe)	Nm
P_1, P_2	Eingangsleistung, Ausgangsleistung	W
T, T_u	Leistungsverstärkungsfaktor, Spannungsverstärkungsfaktor	1
U_1, U_2	Eingangsspannung, Ausgangsspannung	V

31.1 P-Regler

allgemein:

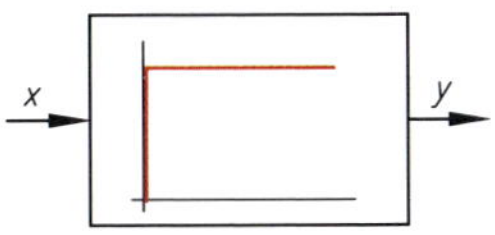

$$K_P = \frac{y - y_0}{x}$$

elektronisch:

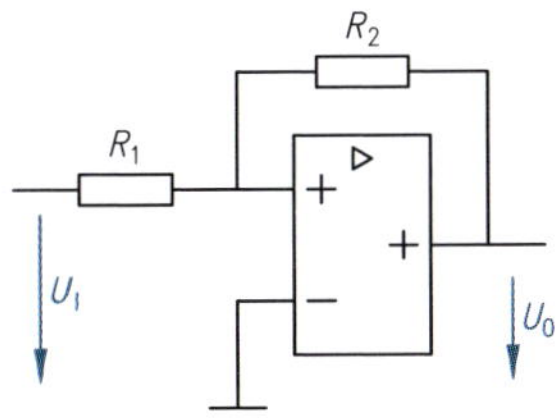

$U_I = x \qquad U_0 = y - y_0$

$$K_P = \frac{U_0}{U_I} \qquad K_P = \frac{R_2}{R_1}$$

$$-U_0 = \frac{R_2}{R_1} \cdot U_I$$

31.2 I-Regler, Integrierer

allgemein:

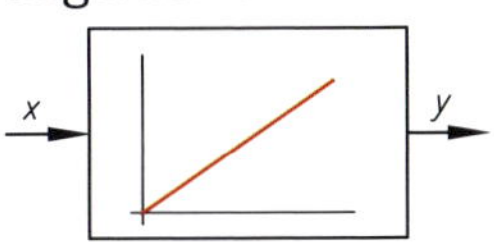

$$K_I = \frac{\frac{\Delta y}{\Delta t}}{x}$$

elektronisch:

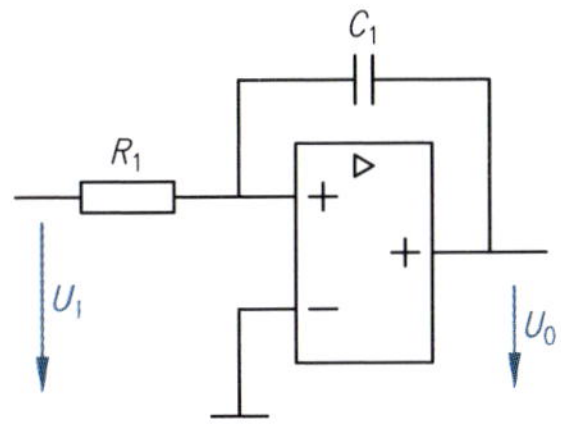

$U_I = x \qquad U_0 = y - y_0$

$$K_I = \frac{\frac{\Delta U_0}{\Delta t}}{U_I} \qquad K_I = \frac{1}{R_1 \cdot C_1}$$

$$\frac{\Delta U_0}{\Delta t} = -\frac{U_I}{R_1 \cdot C_1}$$

31.3 D-Regler, Differenzierer

allgemein:

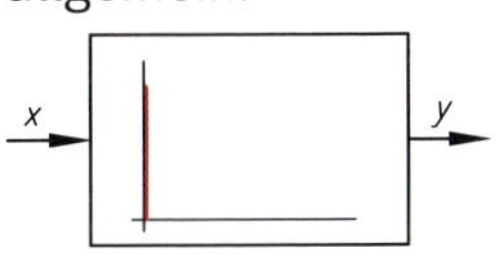

$$K_D = \frac{y - y_0}{\frac{\Delta x}{\Delta t}}$$

elektronisch:

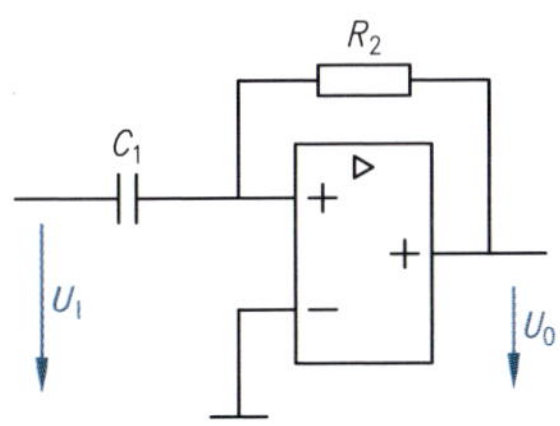

$U_I = x \qquad U_0 = y - y_0$

$$K_D = \frac{U_0}{\frac{\Delta U_I}{\Delta t}} \qquad K_D = R_2 \cdot C_1$$

$$-U_0 = \frac{R_2 \cdot C_1 \cdot \Delta U_I}{\Delta t}$$

Zeichen	Bedeutung	Einheit
K_P	Proportionalbeiwert	1
K_I	Integrierbeiwert entspricht dem Kehrwert der Integrierzeit T_I	1/s
K_D	Differenzierbeiwert entspricht der Differenzierzeit T_D	s
x	Reglereingangsgröße, Regelgröße	–
y	Reglerausgangsgröße, Stellgröße	–
$y - y_0$	Änderung der Stellgröße	–
$\Delta x / t\Delta$	Änderungsgeschwindigkeit der Regelgröße	1/s
U_I	Reglereingangsspannung	V
U_0	Reglerausgangsspannung	V

31.4 PI-Regler

allgemein:

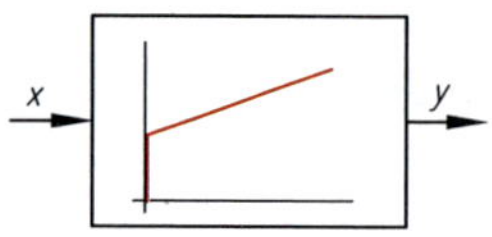

elektronisch:

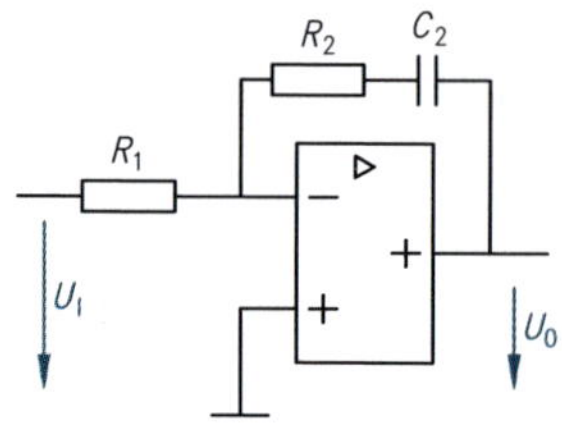

Sprungantwort:

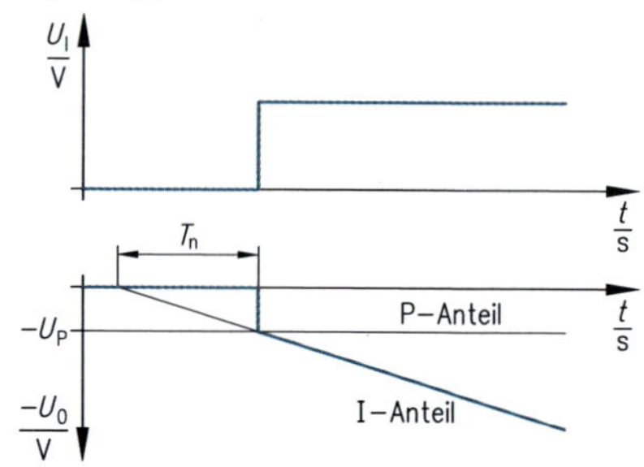

$K_P = \frac{R_2}{R_1}$ $\quad K_I = \frac{1}{R_1 \cdot C_2}$ $\quad T_n = R_2 \cdot C_2$

31.5 PD-Regler

allgemein:

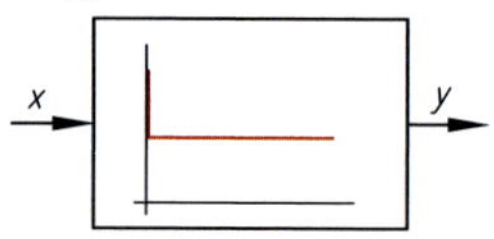

elektronisch:

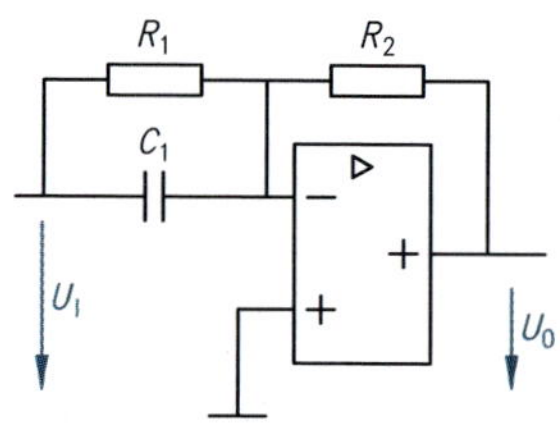

Sprungantwort:

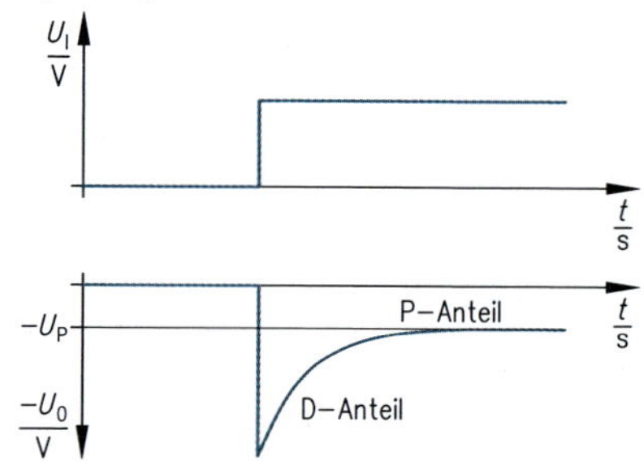

$-U_P = \frac{U_1 \cdot R_2}{R_1}$ $\quad K_P = \frac{R_2}{R_1}$ $\quad T_V = R_1 \cdot C_1$

Zeichen	Bedeutung	Einheit
K_P	Proportionalbeiwert	1
K_I	Integrierbeiwert entspricht dem Kehrwert der Integrierzeit T_I	1/s
T_n	Nachstellzeit, Zeichen nach DIN IEC 60050-351: T_i	s
T_V	Vorhaltezeit, Zeichen nach DIN IEC 60050-351: T_d	s
x	Regelgröße	–
y	Stellgröße	–
U_I	Eingangsspannung des Reglers	V
$-U_0$	Ausgangsspannung des Reglers	V
$-U_P$	Proportionalanteil der Ausgangsspannung	V
$-U_D$	Differenzieranteil der Ausgangsspannung	V

31.6 PID-Regler

allgemein:

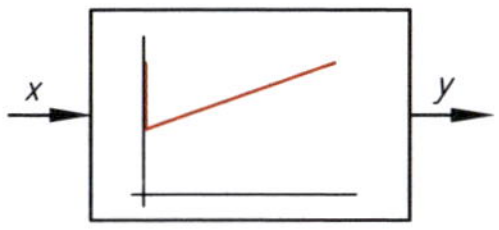

elektronisch:

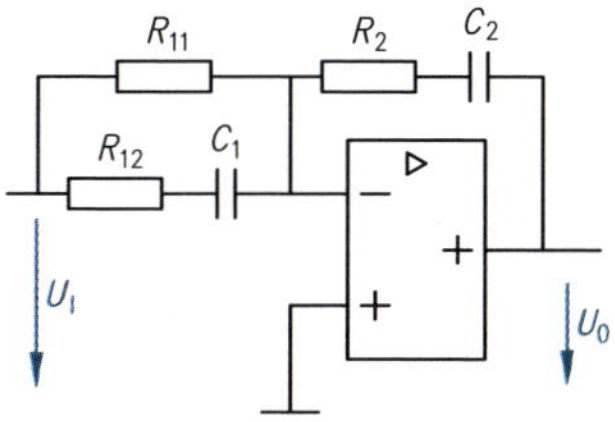

Sprungantwort:

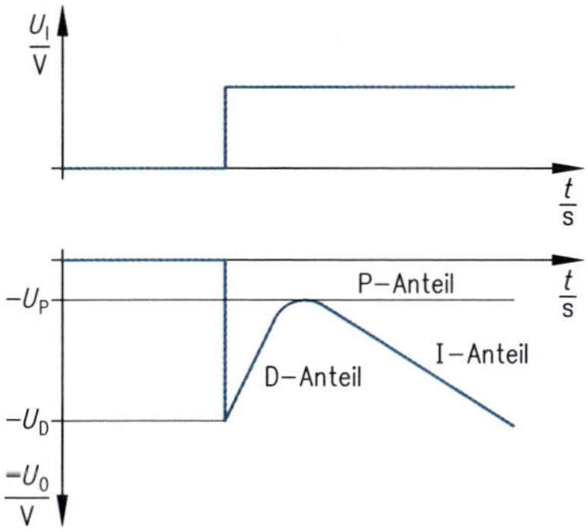

$$-U_P = \frac{U_I \cdot R_2}{R_{11}}$$

$$-U_D = \frac{U_I \cdot R_2(R_{11} + R_{12})}{R_{11} \cdot R_{12}}$$

$$K_P = \frac{R_2(R_{12} + R_{11})}{R_{12} \cdot R_{11}}$$

$$T_n = R_2 \cdot C_2$$

Zeichen	Bedeutung	Einheit
K_P	Proportionalbeiwert	1
K_I	Integrierbeiwert entspricht dem Kehrwert der Integrierzeit T_I	1/s
T_n	Nachstellzeit, Zeichen nach DIN IEC 60050-351: T_i	s
T_V	Vorhaltezeit, Zeichen nach DIN IEC 60050-351: T_d	s
x	Regelgröße	–
y	Stellgröße	–
U_I	Eingangsspannung des Reglers	V
$-U_0$	Ausgangsspannung des Reglers	V
$-U_P$	Proportionalanteil der Ausgangsspannung	V
$-U_D$	Differenzieranteil der Ausgangsspannung	V

31.7 Analogwerterfassung und A/D-Wandlung

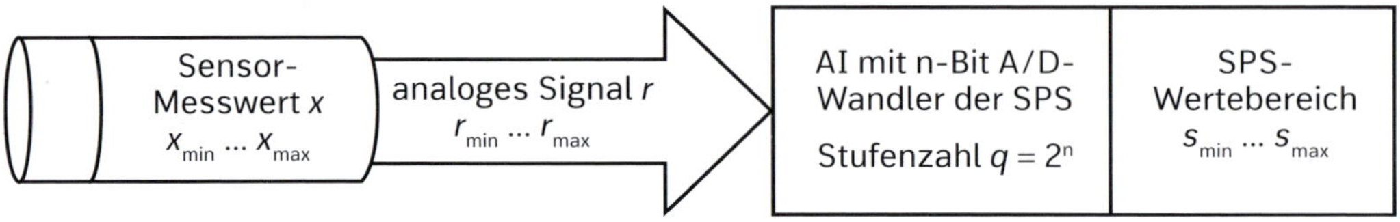

Auflösung durch n-Bit A/D-Wandlung

Messwertauflösung:		**Signalauflösung:**		**Stufenzahl:**	
$\Delta x = \frac{x_{max} - x_{min}}{2^n}$		$\Delta r = \frac{r_{max} - r_{min}}{2^n}$		$q = 2^n$	
Zeichen	**Bedeutung**	**Zeichen**	**Bedeutung**	**Zeichen**	**Bedeutung**
x	Messwert	r	Analogsignal	q	Stufenanzahl (zwischen s_{min} und s_{max})
x_{max}	obere Messgrenze	r_{max}	obere Signalgrenze	n	Anzahl der Bit der A/D-Wandlung
x_{min}	untere Messgrenze	r_{min}	untere Signalgrenze	s_{min}	kleinster SPS-Wert (gerätespezifisch)
Die Auflösung (Abstand zwischen zwei Stufen) wird teilweise mit dem Begriff Digit angegeben, z. B. $\Delta x = 0{,}01 \frac{°C}{\text{Digit}}$.				s_{max}	größter SPS-Wert (gerätespezifisch)

Bereichsumrechnungen

Messwert aus Analogsignalwert	**Analogsignalwert aus Messwert:**	**SPS-Wert aus Analogsignalwert**
$x = \frac{x_{max} - x_{min}}{r_{max} - r_{min}} \cdot (r - r_{min}) + x_{min}$	$r = \frac{r_{max} - r_{min}}{x_{max} - x_{min}} \cdot (x - x_{min}) + r_{min}$	$s = \frac{s_{max} - s_{min}}{r_{max} - r_{min}} \cdot (r - r_{min}) + s_{min}$

Allgemeine Formel für Bereichsumrechnungen:

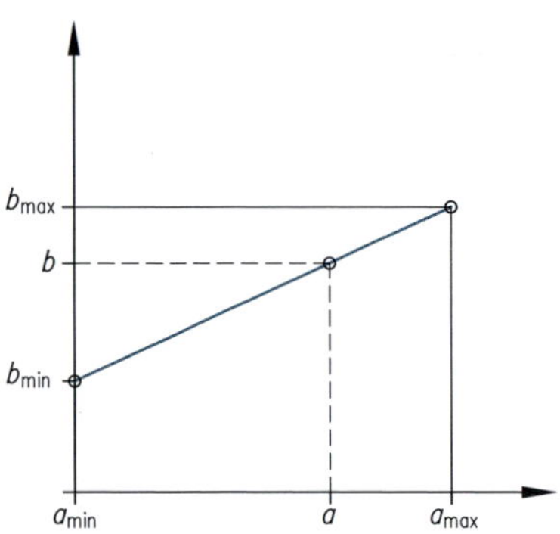

$$b = \frac{b_{max} - b_{min}}{a_{max} - a_{min}} \cdot (a - a_{min}) + b_{min}$$

Steigung:

$$m = \frac{b_{max} - b_{min}}{a_{max} - a_{min}}$$

Erweiterung des Messbereiches von Spannungsmessern

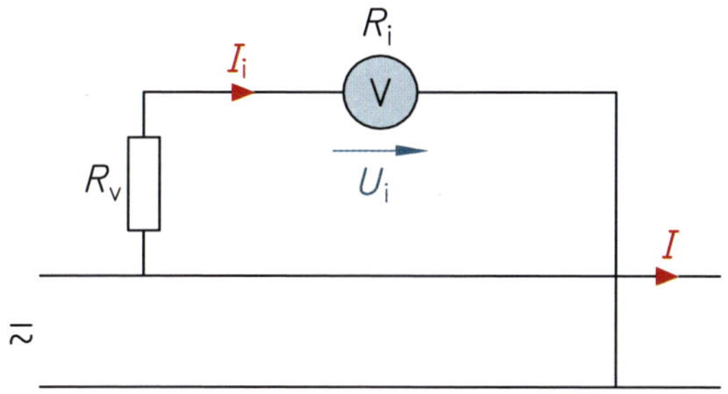

$$R_v = R_i \cdot (n - 1)$$

$$R_v = \frac{U - U_i}{I_i}$$

$$R_v = \frac{U}{I_i} - R_i$$

$$n = \frac{U}{U_i}$$

Erweiterung des Messbereiches von Strommessern

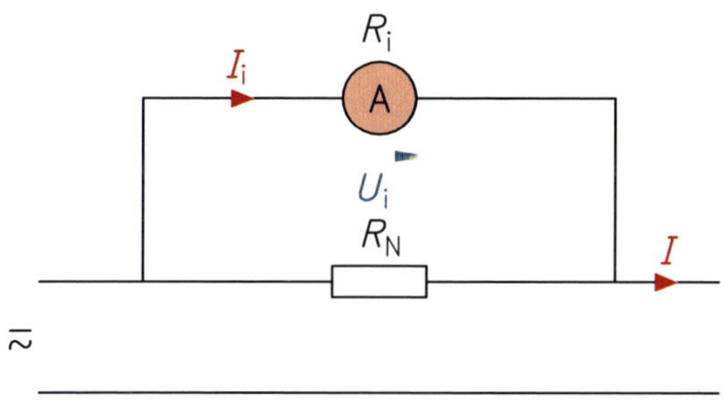

$$R_N = \frac{R_i}{n - 1}$$

$$R_N = \frac{U_i}{I - I_i}$$

$$R_N = \frac{R_i \cdot I_i}{I - I_i}$$

$$n = \frac{I}{I_i}$$

Zeichen	Bedeutung	Einheit
U	Netzspannung, Messspannung	V
U_i	Spannung am Messwerk bei vollem Zeigerausschlag	V
I	Nennstrom, Messstrom	A
I_i	Messwerkstrom bei vollem Zeigerausschlag	A
R_i	Widerstand des Messwerkes	Ω
R_v	Vorwiderstand	Ω
R_N	Nebenwiderstand	Ω
n	Faktor der Messbereichserweiterung	–

Messen mit Mehrbereichs-Messgeräten

$$c = \frac{M}{SE} \qquad W = c \cdot A \qquad W = \frac{A \cdot M}{SE}$$

Messfehler

$$F = \pm \frac{G \cdot M}{100\,\%} \qquad f = \pm \frac{F \cdot 100\,\%}{W}$$

Zeichen	Bedeutung	Einheit
A	Anzeige	—
f	Relativer Fehler	%
G	Genauigkeitsklasse	%
M	Messbereich-Endwert	Einheit der zu messenden Größe, z. B.: V, A ...
c	Skalenkonstante	
F	Absoluter Fehler	
W	Messwert	
SE	Skalenendwert	—

Leistung von Messinstrumenten

Gleichstrom: $P = U \cdot I \qquad P = I^2 \cdot R \qquad P = \frac{U^2}{R}$

Wechselstrom: $S = U \cdot I \qquad S = I^2 \cdot Z \qquad S = \frac{U^2}{Z} \qquad Z = \frac{U}{I}$

Zeichen	Bedeutung	Einheit
U	Spannung am Messwerk bei vollem Zeigerausschlag	V
I	Messwerkstrom bei vollem Zeigerausschlag	A
R	Wirkwiderstand des Messwerkes	Ω
Z	Scheinwiderstand des Messwerkes	Ω
P	Wirkleistung bei Vollausschlag	W
S	Scheinleistung bei Vollausschlag	VA

32 Messtechnik
measuring technology

32.1 Widerstandsmessung

Direkte Widerstandsmessung
Widerstandsmessung, – direkt, – indirekt

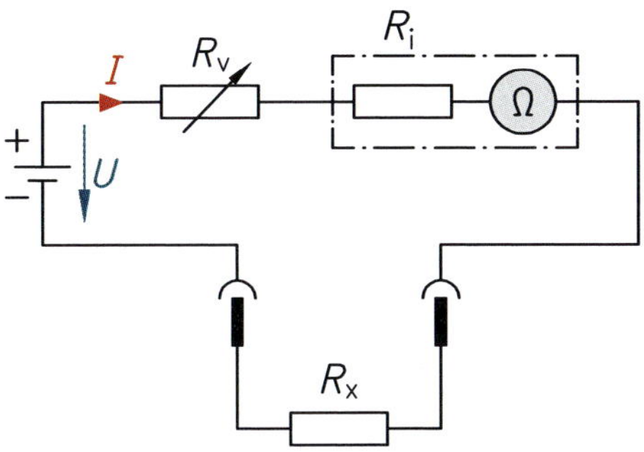

$$R_v = \frac{U}{I} - R_i$$

$$I_x = \frac{U}{R_i + R_v + R_x}$$

$$R_x = \frac{U}{I_x} - (R_i + R_v)$$

Zeichen	Bedeutung	Einheit
U	Batteriespannung	V
I_x	Strom durch R_x (zur Eichung der Skala in Widerstandseinheiten erforderlich)	A
I	Strom bei $R_x = 0$ (R_v ist so einzustellen, dass bei kurzgeschlossenen Messbuchsen der Zeiger auf dem Skalenendwert steht.)	A
R_v	Vorwiderstand	Ω
R_i	Widerstand des Messwerkes	Ω
R_x	Zu messender Widerstand	Ω

Indirekte Widerstandsermittlung

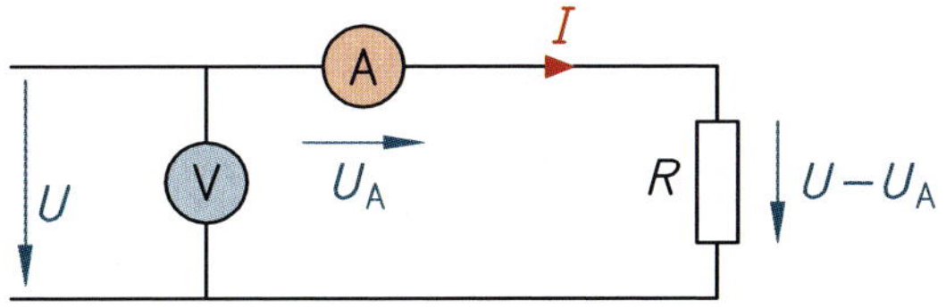

Spannungsfehlerschaltung (R hochohmig)

$$R = \frac{U - U_A}{I}$$

$$R = \frac{U}{I} - R_A$$

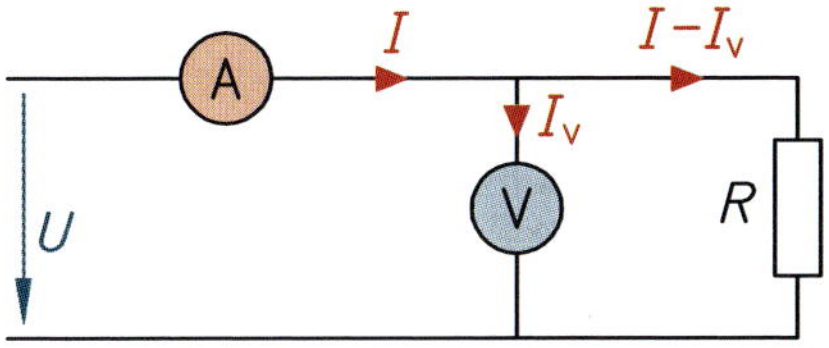

Stromfehlerschaltung (R niederohmig)

$$R = \frac{U}{I - I_v}$$

$$R = \frac{U}{I - \frac{U}{R_v}}$$

Zeichen	Bedeutung	Einheit
U	Angezeigte Spannung	V
U_A	Spannungsfall am Strommesser	V
I	Angezeigter Strom	A
I_v	Stromaufnahme des Spannungsmessers	A
R	Zu messender Widerstand	Ω
R_A	Innenwiderstand des Strommessers	Ω
R_v	Innenwiderstand des Spannungsmessers	Ω

Wheatstone-Messbrücke

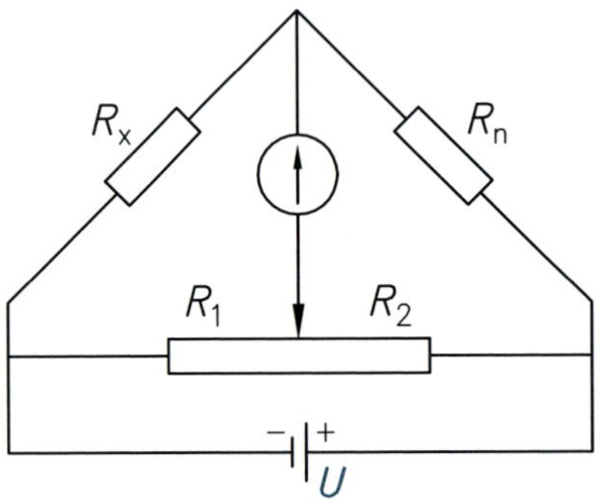

$$\frac{R_x}{R_n} = \frac{R_1}{R_2}$$

$$R_x = \frac{R_n \cdot R_1}{R_2}$$

Thomson-Messbrücke

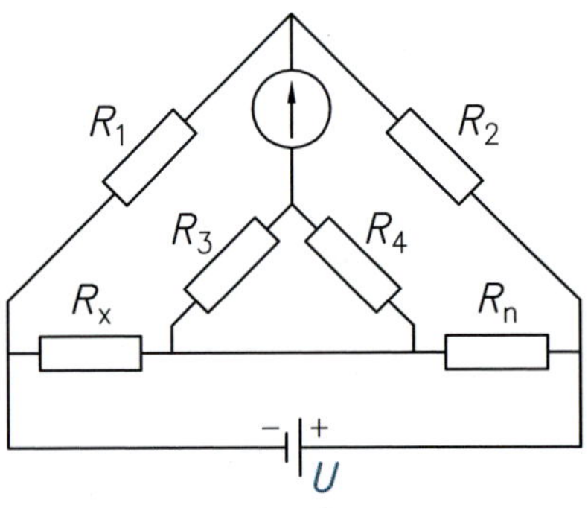

$$R_x = R_n \cdot \frac{R_1}{R_2}$$

$$R_x = R_n \cdot \frac{R_3}{R_4}$$

Zeichen	Bedeutung	Einheit
R_x	Zu messender Widerstand	Ω
R_n	Messbereichswiderstand	Ω
R_1, R_2, R_3, R_4	Teilwiderstände	Ω

32.2 Elektrizitätszähler

$C_z = \frac{n}{kWh}$ $P_{kW} = \frac{n}{C_z \cdot t}$ (siehe auch Seite 19)

Zeichen	Bedeutung	Einheit
C_z	Zählerkonstante, Ablesekonstante	1/kWh
n	Anzahl der Umdrehungen der Zählerscheibe	–
P_{kW}	Wirkleistung	kW
t	Zeit	h

Messwandler

Stromwandler $I_p = I_s \cdot ü_A$

$ü_A = \frac{I_p}{I_s}$

Spannungswandler $U_p = U_s \cdot ü_v$

$ü_v = \frac{U_p}{U_s}$

Ablesekonstante $C_a = ü_A \cdot ü_v$

Arbeits- und Leistungsmessung $W = W_M \cdot C_a$

$P = P_M \cdot C_a$

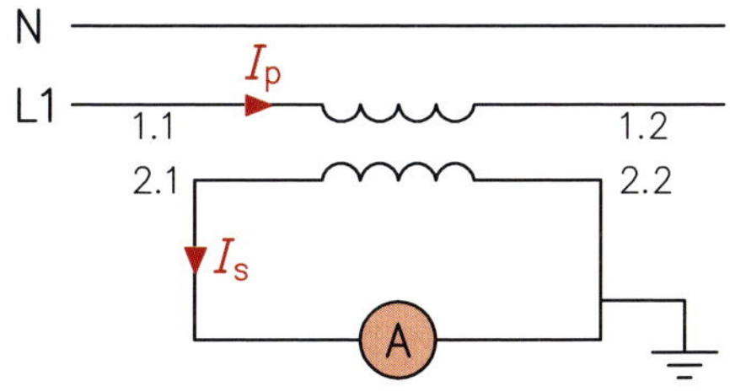

Stromwandler

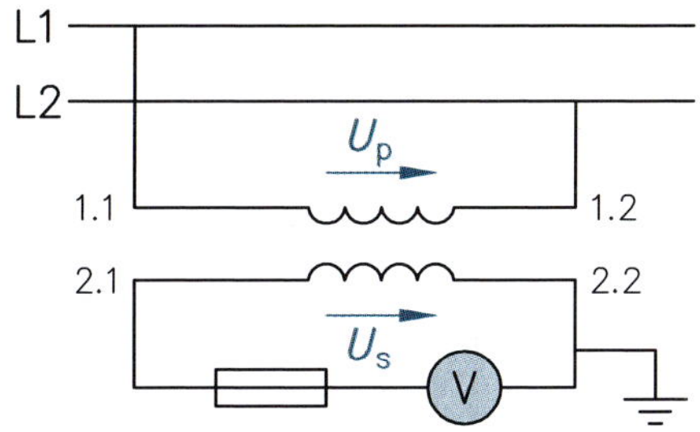

Spannungswandler

Zeichen	Bedeutung	Einheit
U_p	Primärspannung	V
U_s	Sekundärspannung	V
I_p	Primärstrom	A
I_s	Sekundärstrom	A
P	Wirkleistung	kW
P_M	Gemessene elektrische Leistung	kW
W	Elektrische Arbeit	kWh
W_M	Gemessene elektrische Arbeit	kWh
$ü_A$	Übersetzung des Stromwandlers	–
$ü_v$	Übersetzung des Spannungswandlers	–
C_a	Ablesekonstante	–

32.3 True-RMS – Effektivwert bei nicht-sinusförmigen Signalformen

True-Root-Mean-Square value for non-sinusoidal signal shapes

$$U_{eff} = U_{TRMS} = U_{Glr} \cdot F = \frac{U_{Anzeige}}{F_{Sinus}} \cdot F_{Signal} = U_{korr}$$

$$F = \frac{1}{G \cdot S}$$

$$U_{korr} = \frac{U_{Anzeige}}{1{,}11} \cdot F_{Signal}$$

$$U_{eff} = \frac{U_{max}}{S}$$

$$U_{Glr} = U_{max} \cdot G$$

Gleichrichtfaktor, Formfaktor und Scheitelfaktor verschiedener periodischer Signalformen:

	Sinus, auch gleichgerichtet	Sinus-Halbwelle	Sägezahn u. Dreieck	Rechteck (symmetrisch!)	PWM
Signal-form	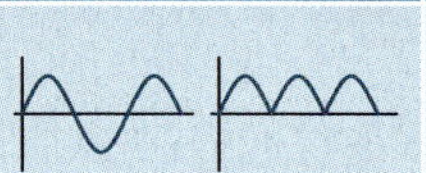	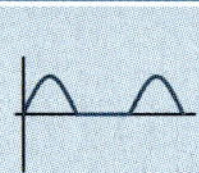	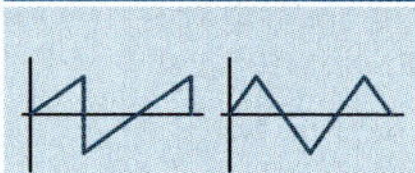	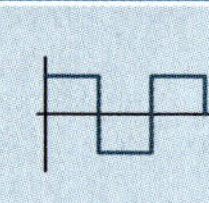	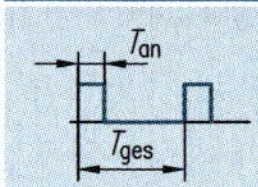
G	0,637 (2/π)	0,318 (1/π)	0,5	1	T_{an}/T_{ges}
F	1,11	1,571	1,155 $(2/\sqrt{3})$	1	$\sqrt{\frac{T_{ges}}{T_{an}}}$
S	1,414 $(\sqrt{2})$	2	1,732 $(\sqrt{3})$	1	$\sqrt{\frac{T_{ges}}{T_{an}}}$

Hinweise:
- Effektivwerte für Sinussignale und Pulse mit Phasenanschnitt in Kap. 29.3 und 29.4
- Frequenzbandbreite des Messgerätes ist zu beachten und darf nicht überschritten werden!
- Gleichanteile des Signals verändern die Werte!

Zeichen	Bedeutung	Einheit
U_{eff}	Effektivwert der Signalspannung – entspricht einer Gleichspannung, die die gleiche Leistung umsetzen würde.	V
U_{Glr}	Gleichrichtwert der Signalspannung – entspricht einer Gleichspannung, die im Messwerk den gleichen Effekt erzielt (z. B. Zeigerausschlag)	V
U_{TRMS}	True-RMS-Wert der Signalspannung, Anzeigewert auf True-RMS-Messgerät – entspricht dort U_{eff}	V
$U_{Anzeige}$	Falscher Anzeigewert von nicht-sinusförmigen Signalen bei Nicht-TRMS-fähigen Messgeräten (die auf Sinussignale kalibriert sind)	V
U_{korr}	Aus $U_{Anzeige}$ rechnerisch korrigierter Wert für U_{eff}	V
F	Formfaktor des Signals zur Anpassung des Gleichrichtwertes U_{GR} an U_{Eff} für korrekte Anzeige bei nicht True-RMS fähigen Geräten	–
U_{max}, $\hat{u}$	Maximalwert der Spannung, Scheitelwert	V
S	Scheitelfaktor	–
G	Gleichrichtfaktor; Gleichrichtwert bezogen auf den Scheitelwert	–
T_{ges}	Periodendauer des **p**ulsweiten**m**odulierten Signals (PWM)	s
T_{an}	Einschaltdauer des Pulses, zeitliche Weite des Pulses	s

33 Licht- und Beleuchtungstechnik

light engineering

Für die Planung gilt:

$\overline{E} \geq \overline{E}_m$ muss jederzeit eingehalten werden!

$$\overline{E}_{neu} = \frac{\overline{E}_m}{WF}$$

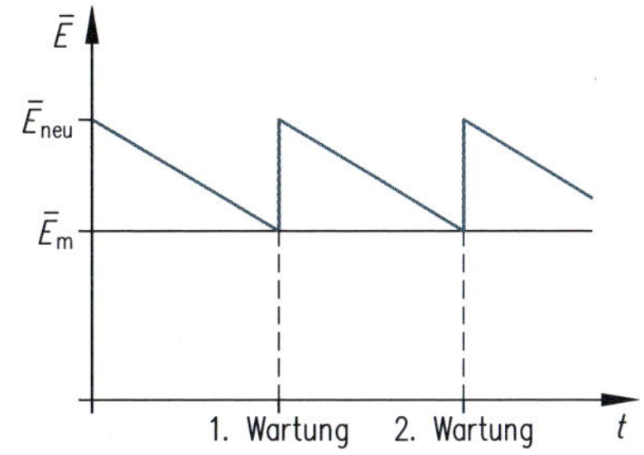

Ablauf des Wirkungsgradverfahrens:

1. Mindestwert für die mittlere Beleuchtungsstärke $\overline{E}_m$ bestimmen Tätigkeiten im Raum bestimmen $\overline{E}_m$, Vorgaben siehe DIN EN 12464-1 oder technische Regeln für Arbeitsstätten ASR 3.4	$\overline{E}_m$
2. Lichtstrom einer Lampe Φ_0 bestimmen z. B. aus Datenblatt der Lampe, ggf. befinden sich mehrere Lampen in einer Leuchte, dennoch zunächst mit Lampe weiterrechnen	Φ_0
3. Raumwirkungsgrad η_R bestimmen, dazu: 3.1 Berechnung des Raumindex $k = \frac{l \cdot b}{h_{eff} \cdot (l + b)}$ mit $h_{eff} = h_R - h_L - h_A$ 3.2 Reflexionsgrad ϱ der Wände, Decke und Boden anhand der Farbe bestimmen Tabellen im Tabellenbuch nutzen! 3.3 Raumwirkungsgrad η_R bestimmen Tabellen im Tabellenbuch nutzen, benötigt werden: • Lichtverteilung der Leuchte • Reflexionsgrade ϱ • Raumindex k	η_R
4. Leuchten-Betriebswirkungsgrad η_{LB} bestimmen Ist abhängig vom Leuchtentyp, siehe Tabellenbuch oder Datenblatt	η_{LB}
5. Beleuchtungswirkungsgrad η_B berechnen $\eta_B = \eta_R \cdot \eta_{LB}$	η_B
6. Wartungsfaktor WF (MF) festlegen (Kehrwert des Planungsfaktors p) Festlegung über Pauschalwerte oder individuelle Berechnung Pauschalwerte nach Verschmutzungsgrad: kaum: WF = 0,8; normal: WF = 0,67; erhöht: WF = 0,57; stark: WF = 0,5	WF
7. Benötigte Anzahl der Lampen berechnen $n = \frac{\overline{E}_m \cdot l \cdot b}{\Phi_0 \cdot \eta_B \cdot WF}$ Achtung: In einer Leuchte können mehrere Lampen installiert sein!	n

33 Licht- und Beleuchtungstechnik
lighting engineering

Mittlere Beleuchtungsstärke (Mindestwert)

$$\overline{E}_m = \frac{n \cdot \Phi_0 \cdot \eta_B}{A} \cdot WF \qquad \eta_B = \eta_R \cdot \eta_{LB} \qquad k = \frac{l \cdot b}{h_{eff} \cdot (l + b)}$$

$$n = \frac{\overline{E}_m \cdot A}{\Phi_0 \cdot \eta_B \cdot WF} \qquad A = l \cdot b \qquad h_{eff} = h_R - h_L - h_A$$

Beleuchtungsstärke

$$E = \frac{\Phi}{A} \qquad \Phi = E \cdot A \qquad A = \frac{\Phi}{E}$$

Lichtausbeute

$$\eta = \frac{\Phi}{P} \qquad \Phi = \eta \cdot P \qquad P = \frac{\Phi}{\eta}$$

Planungsfaktor

$$p = \frac{1}{WF} \qquad WF = \frac{1}{p}$$

Leuchten-Betriebswirkungsgrad

$$\eta_{LB} = \frac{\Phi_{Leuchte}}{\sum \Phi_0}$$ oder Werte aus Tabellenbuch

Lichtstärke

$$I = \frac{\Phi}{\Omega} \qquad \Phi = I \cdot \Omega$$

Leuchtdichte

$$L = \frac{I}{A_L} \qquad A_L = \frac{I}{L}$$

Zeichen	Bedeutung	Einheit
E	Beleuchtungsstärke	lx
$\overline{E}_m$	Mindestwert der mittleren Beleuchtungsstärke (Wartungswert)	lx
$\overline{E}$	Mittlere Beleuchtungsstärke	lx
$\overline{E}_{neu}$	Mittlere Beleuchtungsstärke direkt nach Neuinstallation	lx
Φ	Lichtstrom	lm
Φ_0	Lichtstrom einer Lampe (Herstellerangabe)	lm
A	Beleuchtete Fläche (Fläche des Raumes, l - Raumlänge, b - Raumbreite)	m^2
P	Elektrische Leistung	W
I	Lichtstärke	cd
L	Leuchtdichte	cd/m^2
A_L	Leuchtende sichtbare Fläche	m^2
η	Lichtausbeute	–
η_B	Beleuchtungswirkungsgrad	–
η_{LB}	Leuchten-Betriebswirkungsgrad	–
η_R	Raumwirkungsgrad	–
n	Anzahl der Lampen (Rundungsfehler beachten, wenn ganzzahlig weitergerechnet wird!)	–
Ω	Raumwinkel	sr
WF	Wartungsfaktor (MF maintenance factor), Kehrwert des Planungsfaktors	–
p	Planungsfaktor, Werte >1	–
k	Raumindex	–
h_{eff}	Abstand zwischen Lampe und Arbeitsfläche	m
h_R	Raumhöhe	m
h_L	Abstand der Lampen von der Raumdecke	m
h_A	Abstand der Arbeitsfläche vom Fußboden des Raumes	m

Einheiten

1 lx = 1 lm/m², lx (Lux), 1 lm = 1 cd · 1 sr, lm (Lumen), cd (Candela) Ω (Raum-)Winkel aus der Einheitskugel (Kugel mit dem Radius 1 m) 1 Ω = 1 sr, wenn die Ausschnittfläche auf der Kugel 1 m² beträgt.

34 Elektrische Leitungen

electric lines

Masse und Querschnitt elektrischer Leitungen

$$m = V \cdot \rho \qquad m = \frac{A \cdot l \cdot \rho}{1000} \qquad l = \frac{m \cdot 1000}{A \cdot \rho} \qquad A = \frac{m \cdot 1000}{l \cdot \rho}$$

Zeichen	Bedeutung	Einheit
m	Masse	kg
V	Volumen	dm^3
ρ	Dichte	kg/dm^3
l	Gesamtlänge	m
A	Leiterquerschnitt	mm^2

34.1 Berechnung des Querschnittes und des Spannungsverlustes bzw. Spannungsunterschiedes (Spannungsfall)

Gleichstrom und Wechselstrom bei cos φ = 1

$$U_v = \frac{2 \cdot l \cdot I}{\gamma \cdot A} \qquad U_v = \frac{2 \cdot l \cdot P}{\gamma \cdot A \cdot U} \qquad A = \frac{2 \cdot l \cdot I}{\gamma \cdot U_v} \qquad A = \frac{2 \cdot l \cdot P}{\gamma \cdot U_v \cdot U}$$

Einphasenwechselstrom, induktiv oder kapazitiv belastet

$$\Delta U = \frac{2 \cdot l \cdot I \cdot \cos\varphi}{\gamma \cdot A} \qquad \Delta U = \frac{2 \cdot l \cdot P}{\gamma \cdot A \cdot U} \qquad A = \frac{2 \cdot l \cdot I \cdot \cos\varphi}{\gamma \cdot \Delta U} \qquad A = \frac{2 \cdot l \cdot P}{\gamma \cdot \Delta U \cdot U}$$

Drehstrom, induktiv oder kapazitiv belastet

$$\Delta U = \frac{1{,}73 \cdot l \cdot I \cdot \cos\varphi}{\gamma \cdot A} \qquad \Delta U = \frac{l \cdot P}{\gamma \cdot A \cdot U} \qquad A = \frac{1{,}73 \cdot l \cdot I \cdot \cos\varphi}{\gamma \cdot \Delta U} \qquad A = \frac{l \cdot P}{\gamma \cdot \Delta U \cdot U}$$

Zeichen	Bedeutung	Einheit
U	Betriebsspannung	V
U_v	Spannungsverlust, Spannungsfall	V
ΔU	Spannungsunterschied	V
I	Belastungsstrom	A
P	Wirkleistung	W
l	Einfache Leiterlänge	m
A	Leiterquerschnitt	mm^2
γ	Elektrische Leitfähigkeit (siehe Kap. 41 Tabelle 6)	$m/(\Omega \cdot mm^2)$
$\cos\varphi$	Wirkleistungsfaktor	–

Strombelastbarkeit isolierter Leitungen (Seite 95/96)
Zuordnung von Überstromschutzorganen (Seite 95/96)

34.2 Berechnung verzweigter Leitungen mit gleichbleibendem Querschnitt

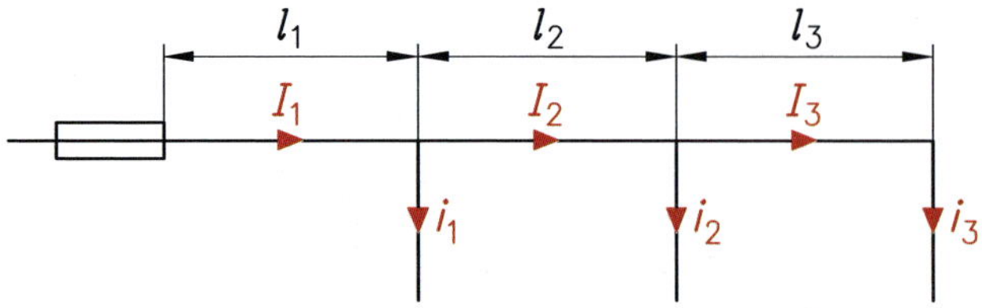

$I_1 = i_1 + i_2 + i_3$

$I_2 = i_2 + i_3$

$I_3 = i_3$

Gleichstrom und Wechselstrom bei cos φ = 1

$$U_v = \frac{2 \cdot (l_1 \cdot I_1 + l_2 \cdot I_2 + l_3 \cdot I_3 + ...)}{\gamma \cdot A} \qquad U_v = \frac{2 \cdot \Sigma(l \cdot I)}{\gamma \cdot A}$$

$$A = \frac{2 \cdot (l_1 \cdot I_1 + l_2 \cdot I_2 + l_3 \cdot I_3 + ...)}{\gamma \cdot U_v} \qquad A = \frac{2 \cdot \Sigma(l \cdot I)}{\gamma \cdot U_v}$$

Einphasenwechselstrom, induktiv oder kapazitiv belastet

$$\Delta U = \frac{2 \cdot (l_1 \cdot I_1 \cdot \cos\varphi_1 + l_2 \cdot I_2 \cdot \cos\varphi_2 + l_3 \cdot I_3 \cdot \cos\varphi_3 + ...)}{\gamma \cdot A} \qquad \Delta U = \frac{2 \cdot \Sigma(l \cdot I \cdot \cos\varphi)}{\gamma \cdot A}$$

$$A = \frac{2 \cdot (l_1 \cdot I_1 \cdot \cos\varphi_1 + l_2 \cdot I_2 \cdot \cos\varphi_2 + l_3 \cdot I_3 \cdot \cos\varphi_3 + ...)}{\gamma \cdot \Delta U} \qquad A = \frac{2 \cdot \Sigma(l \cdot I \cdot \cos\varphi)}{\gamma \cdot \Delta U}$$

Drehstrom, induktiv oder kapazitiv belastet

$$\Delta U = \frac{1{,}73 \cdot (l_1 \cdot I_1 \cdot \cos\varphi_1 + l_2 \cdot I_2 \cdot \cos\varphi_2 + l_3 \cdot I_3 \cdot \cos\varphi_3 + ...)}{\gamma \cdot A} \qquad \Delta U = \frac{1{,}73 \cdot \Sigma(l \cdot I \cdot \cos\varphi)}{\gamma \cdot A}$$

$$A = \frac{1{,}73 \cdot (l_1 \cdot I_1 \cdot \cos\varphi_1 + l_2 \cdot I_2 \cdot \cos\varphi_2 + l_3 \cdot I_3 \cdot \cos\varphi_3 + ...)}{\gamma \cdot \Delta U} \qquad A = \frac{1{,}73 \cdot \Sigma(l \cdot I \cdot \cos\varphi)}{\gamma \cdot \Delta U}$$

Zeichen	Bedeutung	Einheit
U_v	Spannungsverlust	V
ΔU	Spannungsunterschied	V
I	Belastungsstrom	A
$I_1, I_2, I_3 ...$	Teilströme in den Teilstrecken	A
$i_1, i_2, i_3 ...$	Teilströme in den Abgängen	A
l	Einfache Länge	m
$l_1, l_2, l_3 ...$	Teilstrecken	m
γ	Elektrische Leitfähigkeit (siehe Kap. 41 Tabelle 6)	$m/(\Omega \cdot mm^2)$
A	Leiterquerschnitt	mm^2
$\cos\varphi$	Wirkleistungsfaktor	–
$\cos\varphi_1, \cos\varphi_2, \cos\varphi ...$	Wirkleistungsfaktoren in den Teilstrecken	–
Σ	Summenzeichen	–

34.3 Berechnung der Ringleitung

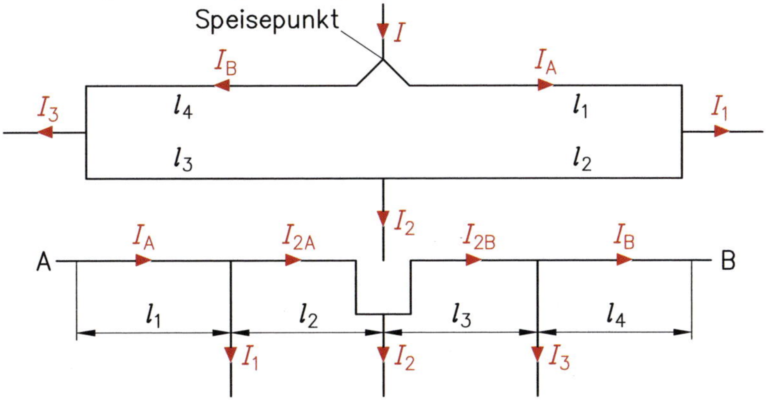

$I = I_1 + I_2 + I_3$ $\quad I = I_A + I_B$ $\quad l = l_1 + l_2 + l_3 + l_4 = \Sigma l$

$$I_A = \frac{\Sigma (l \cdot I)}{\Sigma l} = \frac{l_4 \cdot (I_1 + I_2 + I_3) + l_3 \cdot (I_1 + I_2) + l_2 \cdot I_1}{l}$$

$$I_B = \frac{\Sigma (l \cdot I)}{\Sigma l} = \frac{l_1 \cdot (I_1 + I_2 + I_3) + l_2 \cdot (I_2 + I_3) + l_3 \cdot I_3}{l}$$

Die Berechnung des Leiterquerschnittes und des Spannungsverlustes bzw. Spannungsunterschiedes erfolgt für die A- oder B-Seite wie die Berechnung verzweigter Leitungen. Beispiel für Gleichstrom:

$$U_v = \frac{2 \cdot [l_1 \cdot (I_1 + I_{2A}) + l_2 \cdot I_{2A}]}{\gamma \cdot A} = \frac{2 \cdot [l_4 \cdot (I_3 + I_{2B}) + l_3 \cdot I_{2B}]}{\gamma \cdot A}$$

$$A = \frac{2 \cdot [l_1 \cdot (I_1 + I_{2A}) + l_2 \cdot I_{2A}]}{\gamma \cdot U_v} = \frac{2 \cdot [l_4 \cdot (I_3 + I_{2B}) + l_3 \cdot I_{2B}]}{\gamma \cdot U_v}$$

Zeichen	Bedeutung	Einheit
U_v	Spannungsverlust	V
I	Nennstrom	A
I_1, I_2, I_3	Teilströme	A
I_A	Strom im Speisepunkt A	A
I_B	Strom im Speisepunkt B	A
I_{2A}	Stromzufuhr im Stromwendepunkt von A	A
I_{2B}	Stromzufuhr im Stromwendepunkt von B	A
l	Einfache Leiterlänge	m
l_1, l_2, l_3, l_4	Teilstrecken	m
γ	Elektrische Leitfähigkeit (siehe Kap. 41 Tabelle 6)	$m/(\Omega \cdot mm^2)$
A	Leiterquerschnitt	mm^2
Σ	Summenzeichen	–

Einheiten

γ auch in S/m $\quad 1\frac{S}{m} = \frac{1}{\Omega \cdot m}$

34.4 Berechnung des Leistungsverlustes elektrischer Leitungen

Gleichstrom und Wechselstrom bei cos φ = 1

$$P_v = \frac{2 \cdot l \cdot P^2}{\gamma \cdot A \cdot U^2} \qquad A = \frac{2 \cdot l \cdot P^2}{\gamma \cdot P_v \cdot U^2} \qquad P_v = \frac{2 \cdot l \cdot I^2}{\gamma \cdot A} \qquad A = \frac{2 \cdot l \cdot I^2}{\gamma \cdot P_v}$$

Einphasenwechselstrom, induktiv oder kapazitiv belastet

$$P_v = \frac{2 \cdot l \cdot P^2}{\gamma \cdot A \cdot U^2 \cdot \cos^2\varphi} \qquad A = \frac{2 \cdot l \cdot P^2}{\gamma \cdot P_v \cdot U^2 \cdot \cos^2\varphi} \qquad P_v = \frac{2 \cdot l \cdot I^2}{\gamma \cdot A} \qquad A = \frac{2 \cdot l \cdot I^2}{\gamma \cdot P_v}$$

Drehstrom, induktiv oder kapazitiv belastet

$$P_v = \frac{l \cdot P^2}{\gamma \cdot A \cdot U^2 \cdot \cos^2\varphi} \qquad A = \frac{l \cdot P^2}{\gamma \cdot P_v \cdot U^2 \cdot \cos^2\varphi} \qquad P_v = \frac{3 \cdot l \cdot I^2}{\gamma \cdot A} \qquad A = \frac{3 \cdot l \cdot I^2}{\gamma \cdot P_v}$$

Für den Leistungsverlust in Prozent gilt allgemein: $P_{v\%} = \frac{P_v \cdot 100\,\%}{P}$

Zeichen	Bedeutung	Einheit
U	Betriebsspannung	V
I	Belastungsstrom	A
P	Wirkleistung	W
P_v	Leistungsverlust	W
$P_{v\%}$	Leistungsverlust (in %)	%
l	Einfache Leiterlänge	m
γ	Elektrische Leitfähigkeit (siehe Kap. 41 Tabelle 6)	m/(Ω · mm²)
A	Leiterquerschnitt	mm²
cos φ	Wirkleistungsfaktor	–

34.5 Leitungsschutz gegen zu hohe Erwärmung

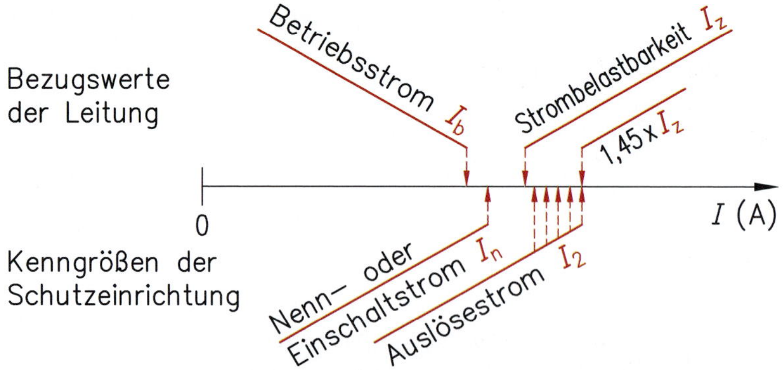

Eine elektrische Leitung kann zeitlich begrenzt – bis max. 1 Stunde – mit 1,45 × I_z überlastet werden (I_z = zulässige Strombelastbarkeit).

34.6 Verlegungsarten und Belastbarkeit von Kabeln und Leitungen (DIN VDE 0298-4)

Belastbarkeit von Kabeln und Leitungen für feste Verlegung in Gebäuden; Betriebstemperatur 70°C; Umgebungstemperatur 30°C; Verlegearten A1, A2, B1, B2, C

	A1		A2		B1		B2		C	
	Verlegung in wärmegedämmten Wänden				Verlegung in Elektroinstallationsrohren				Verlegung auf einer Wand	
	Aderleitungen im Elektroinstallationsrohr in einer wärmegedämmten Wand		Mehradriges Kabel oder mehradrige ummantelte Installationsleitung in einem Elektroinstallationsrohr in einer wärmegedämmten Wand		Aderleitungen im Elektroinstallationsrohr auf einer Wand		Mehradriges Kabel oder mehradrige ummantelte Installationsleitung in einem Elektroinstallationsrohr auf einer Wand		Ein- oder mehradriges Kabel oder ein- oder mehradrige ummantelte Installationsleitung	
	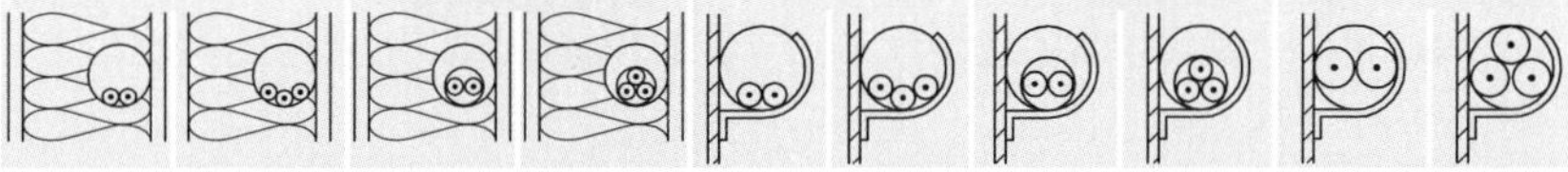									
Anz. belastete Adern	2	3	2	3	2	3	2	3	2	3
Nennquerschnitt, Kupfer in mm²	Belastbarkeit in A									
1,5	15,5	13,5	15,5	13,0	17,5	15,5	16,5	15,0	19,5	17,5
2,5	19,5	18,0	18,5	17,5	24	21	23	20	27	24
4	26	24	25	23	32	28	30	27	36	32
6	34	31	32	29	41	36	38	34	46	41
10	46	42	43	39	57	50	52	46	63	57
16	61	56	57	52	76	68	69	62	85	76
25	80	73	75	68	101	89	90	80	112	96
35	99	89	92	83	125	110	111	99	138	119
50	119	108	110	99	151	134	133	118	168	144
70	151	136	139	125	192	171	168	149	213	184

Umrechnungsfaktoren (f_1) für Umgebungstemperaturen abweichend von 30 °C

Umgebungstemperatur in °C	10	15	20	25	30	35	40	45	50	55	60	65
zulässige Betriebstemperatur 70 °C, Isolation: PVC	1,22	1,17	1,12	1,06	1,00	0,94	0,87	0,79	0,71	0,61	0,50	0,35

Umrechnungstabelle (f_2) für die Häufung von Kabeln oder Leitungen

Anzahl der stromführenden Leitungen	1	2	3	4	5	6	7	8	9	10
Gebündelt direkt auf Wand, auf Fußboden, im Elektroinstallationsrohr, auf/in der Wand	1,00	0,80	0,70	0,65	0,60	0,57	0,54	0,52	0,50	0,48

Strombelastbarkeit bei abweichenden Bedingungen: $I_Z = I \cdot f_1 \cdot f_2$

Belastbarkeit von Kabeln und Leitungen für feste Verlegung in und an Gebäuden für Verlegearten D, E, F und G

Betriebstemperatur 70 °C; Umgebungstemperatur 30 °C in Luft, 20 °C im Erdboden

Verlegeart	D		E		F			G	
	Verlegung in Erde		Verlegung in der Luft						
	Mehradriges Kabel im Elektroinstallationsrohr oder Kabelschacht im Erdboden		Mehradriges Kabel mit Abstand von mindestens 0,3 × Durchmesser *D* zur Wand		Einadrige Kabel mit Abstand von mindestens 1 × Durchmesser *D* zur Wand				
					mit Berührung			mit Abstand *D*	
	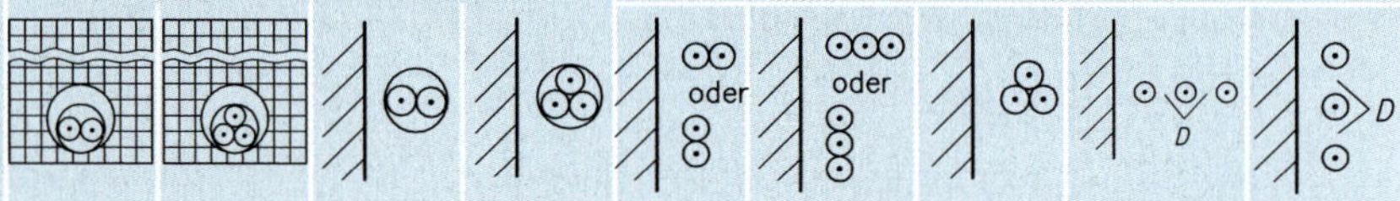								
Anz. belastete Adern	2	3	2	3	2	3			
Nennquerschnitt, Kupferleiter in mm²	Belastbarkeit in A								
1,5	18,5	15,5	22	18,5	–	–	–	–	–
2,5	25	21	30	25	–	–	–	–	–
4	32	27	40	34	–	–	–	–	–
6	40	34	51	43	–	–	–	–	–
10	54	45	70	60	–	–	–	–	–
16	69	59	94	80	–	–	–	–	–
25	88	76	119	101	131	114	110	146	130
35	106	91	148	126	162	143	137	181	162
50	126	108	180	153	196	174	167	219	197
70	156	133	232	196	251	225	216	281	254

Bemessungsströme der Überstromschutzorgane in A

Leitungsschutzschalter

6	10	13	16	20	25	32
40	50	63	80	100	125	–

Schmelzsicherungen

6	10	16	20	25	35	40
50	63	80	100	125	160	200
250	315	400	500	630	800	1 000

Die Bemessungsströme der Überstromschutzorgane müssen ≤ der Strombelastbarkeit sein.

34.7 Auslöseverhalten von Schmelzsicherungen Typ gG (ehemals gL)

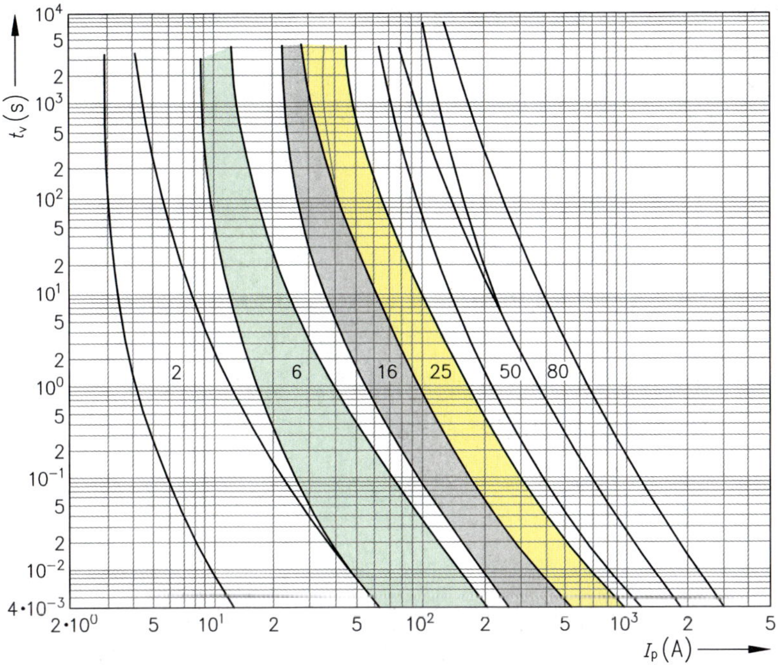

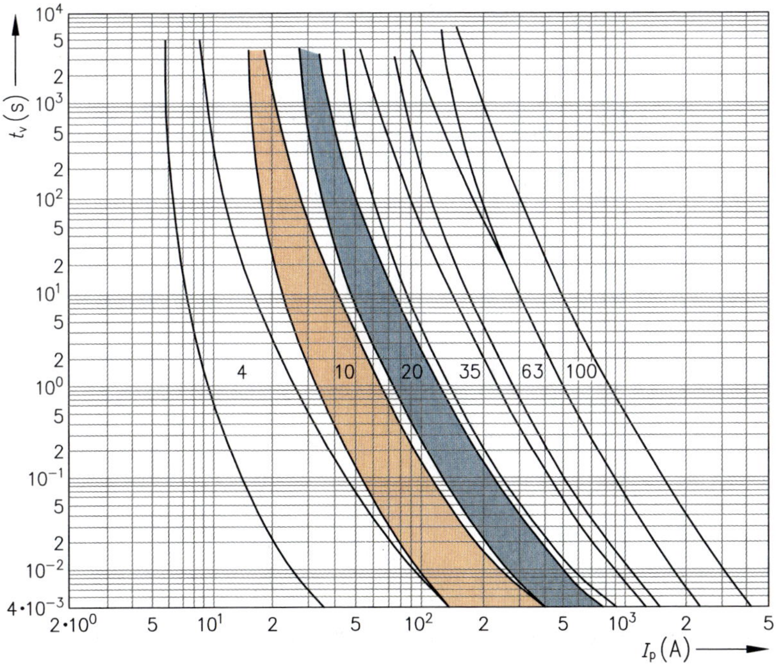

t_v mögliche (virtuelle) Schmelzzeit; t_{vs} (kleinste Zeit/linke Begrenzungslinie) und Auslösezeit t_{vA} (größte Zeit/rechte Begrenzungslinie); I_p Strom im Fehlerfall

34.8 Auslöseverhalten A, B, C und D von Leitungsschutzschaltern

(nach DIN VDE 0641 bzw. DIN VDE 0660)

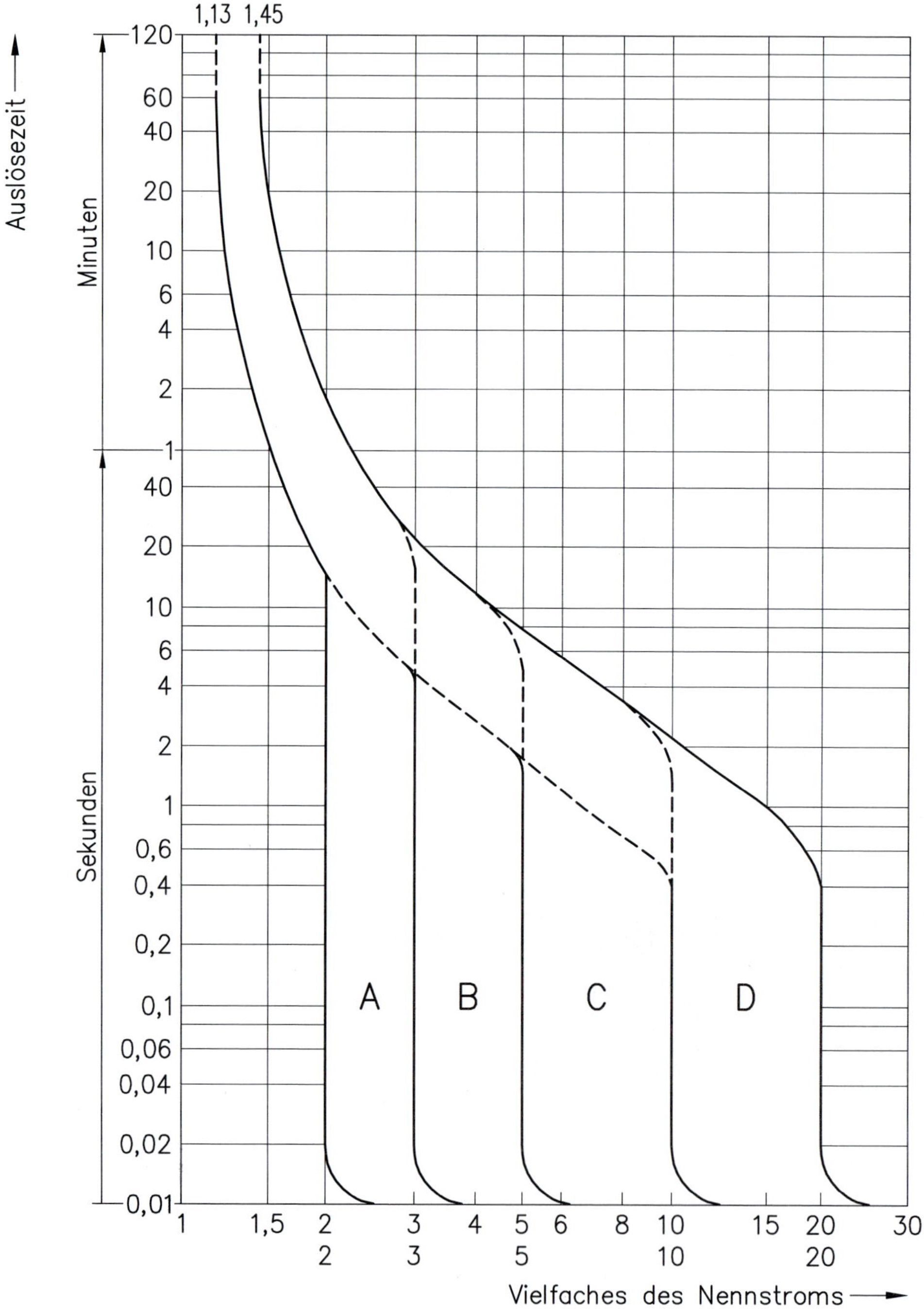

Einlagige Rundspulen

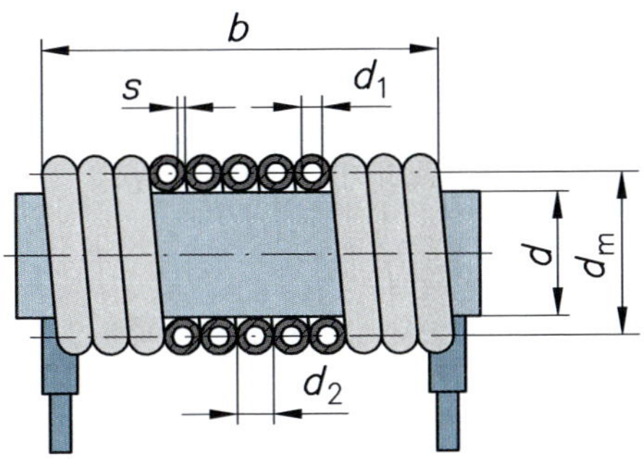

$d_2 = d_1 + 2 \cdot s$

$d_m = d + d_2$

$l_m \approx d_m \cdot \pi$

$l \approx d_m \cdot \pi \cdot N$

$N \approx \frac{b}{d_2}$

Mehrlagige Rundspulen

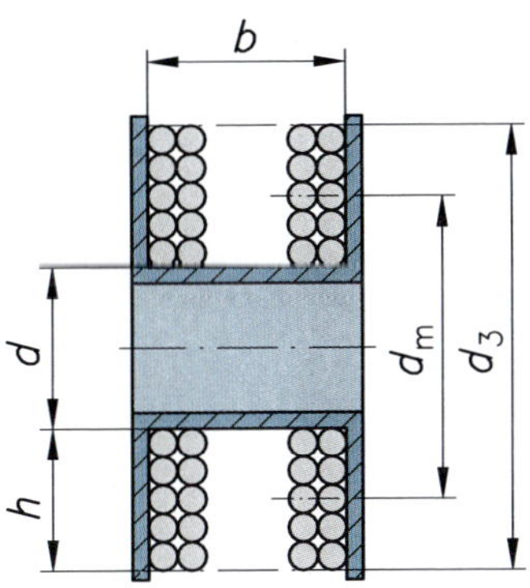

$d_2 = d_1 + 2 \cdot s$

$N \approx N_1 \cdot z$

$h = \frac{d_3 - d}{2}$

$d_m = \frac{d_3 + d}{2}$

$N_1 \approx \frac{h}{d_2}$

$l_m \approx d_m \cdot \pi$

$z = \frac{h}{d_2}$

$l \approx d_m \cdot \pi \cdot N$

Mehrlagige Rechteckspulen

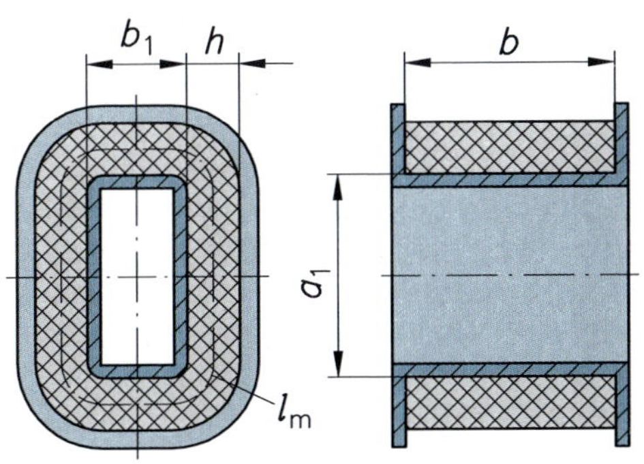

$l_m = 2 \cdot a_1 + 2 \cdot b_1 + \pi \cdot h$

$l = (2 \cdot a_1 + 2 \cdot b_1 + \pi \cdot h) \cdot N$

$l \approx l_m \cdot N$

$N \approx N_1 \cdot z$

Die Berechnung von d_2; h; N_1; z erfolgt mit den Formeln für mehrlagige Rundspulen.

35 Berechnung von Spulen

coil calculation

Zeichen	Bedeutung	Einheit
d	Durchmesser des Spulenkörpers	mm
d_1	Leiterdurchmesser	mm
d_2	Drahtdurchmesser	mm
d_3	Durchmesser der Wicklung (Außendurchmesser)	mm
d_m	Mittlerer Spulendurchmesser	mm
s	Dicke der Isolation	mm
l	Drahtlänge	mm
l_m	Mittlere Länge einer Windung	mm
N	Windungszahl	–
N_1	Windungszahl je Lage	–
b	Wickelbreite	mm
h	Wickelhöhe	mm
z	Anzahl der Lagen	–
a_1, b_1	Außenmaße des Spulenkörpers	mm

Umrechnen von Spulendaten

$$\frac{N_2}{N_1} = \frac{U_2}{U_1} \qquad N_2 = \frac{U_2 \cdot N_1}{U_1} \qquad \frac{I_2}{I_1} = \frac{U_1}{U_2} \qquad I_2 = \frac{U_1 \cdot I_1}{U_2}$$

$$\frac{A_2}{A_1} = \frac{U_1}{U_2} \qquad A_2 = \frac{U_1 \cdot A_1}{U_2} \qquad A_2 = d^2 \cdot \frac{\pi}{4} \qquad \left(\frac{\pi}{4} = 0{,}785\right) \qquad d = \sqrt{\frac{A}{0{,}785}}$$

Zeichen	Bedeutung	Einheit
N_1	Alte Windungszahl	–
N_2	Neue Windungszahl	–
U_1	Alte Spannung	V
U_2	Neue Spannung	V
A	Leiterquerschnitt	mm^2
A_1	Alter Leiterquerschnitt	mm^2
A_2	Neuer Leiterquerschnitt	mm^2
I_1	Alte Stromstärke	A
I_2	Neue Stromstärke	A
d	Leiterdurchmesser	mm

36 Schutz gegen elektrischen Schlag

protection against electric shock

(DIN VDE 0100-410)

36.1 Messen der Schleifenimpedanz und des Netzinnenwiderstandes

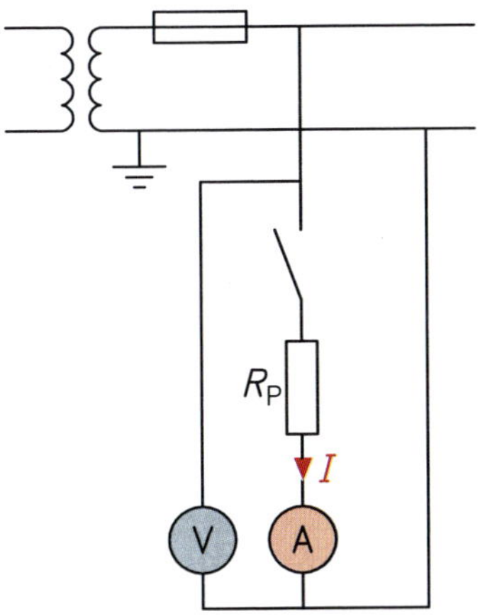

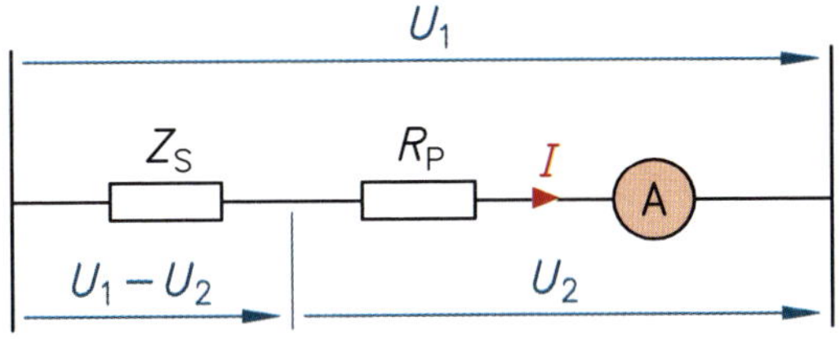

U_1 bei geöffnetem Schalter
U_2 bei geschlossenem Schalter

$$Z_s = \frac{U_1 - U_2}{I}$$

$$Z_s = \frac{U_1 - U_2}{U_2} \cdot R_p$$

$$Z_s \approx R_s$$

Zeichen	Bedeutung	Einheit
U_1	Gemessene Spannung zwischen dem unbelasteten Außenleiter und dem geerdeten Leiter	V
U_2	Gemessene Spannung zwischen dem durch R_p belasteten Außenleiter und dem geerdeten Leiter	V
I	Belastungsstrom bei der Messung von U_2	A
R_p	Belastungswiderstand ≈ 22 Ω	Ω
R_s	Schleifenwiderstand	Ω
Z_s	Schleifenimpedanz	Ω

36.2 Messen des Erdungswiderstandes

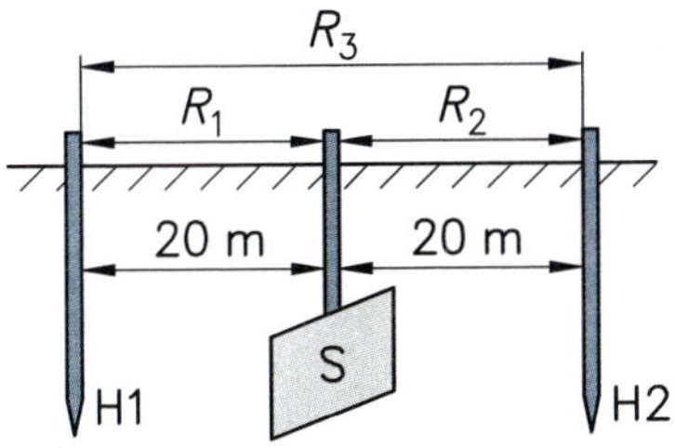

$$R_A = \frac{R_1 + R_2 - R_3}{2}$$

Zeichen	Bedeutung	Einheit
R_A	Widerstand der Schutzerde	Ω
R_1	Widerstand der Schutzerde gegen den Hilfserder H_1	Ω
R_2	Widerstand der Schutzerde gegen den Hilfserder H_2	Ω
R_3	Widerstand des Hilfserders H_1 gegen den Hilfserder H_2	Ω

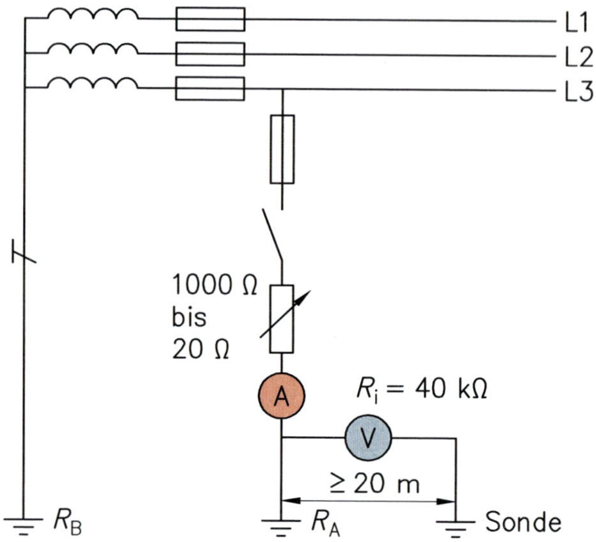

$$R_A = \frac{U}{I}$$

Zeichen	Bedeutung	Einheit
R_A	Widerstand der Schutzerde	Ω
U	Gemessener Spannungsfall am Erdreich	V
I	Gemessene Stromstärke	A

36.3 Messen des Standortwiderstandes

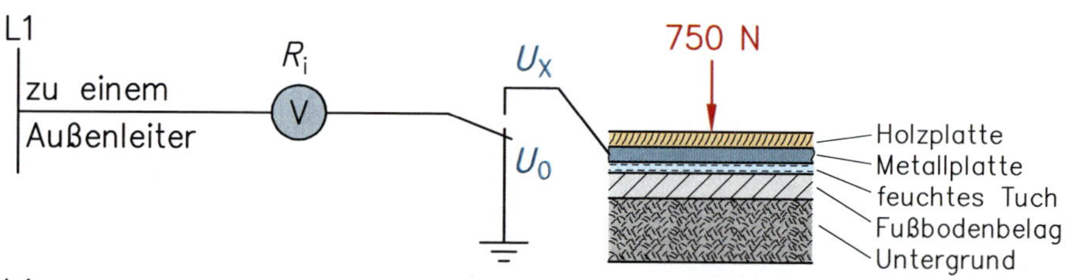

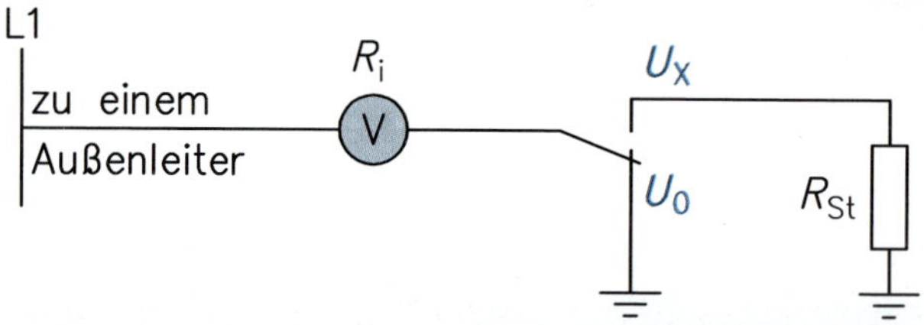

$$R_x = R_i \cdot \left(\frac{U_0}{U_x} - 1\right)$$

Zeichen	Bedeutung	Einheit
R_x	Standortübergangswiderstand	Ω
R_i	Innenwiderstand des Spannungsmessers	Ω
U_0	Spannung gegen Erde	V
U_x	Spannung am Innenwiderstand R_i des Spannungsmessers	V

36.4 Fehlerspannung – Fehlerstrom – Berührungsspannung

$R = R_{L1} + R_F + R_M + R_ü + R_B + R_{L2}$

$$I_F = \frac{U_0}{R}$$

$$U_L = I_F \cdot R_M \qquad U_L = \frac{U_0 \cdot R_M}{R}$$

$$U_L = \frac{U_0 \cdot R_M}{R_{L1} + R_F + R_M + R_ü + R_B + R_{L2}}$$

Sind R_{L1}, R_{L2}, R_F, R_B vernachlässigbar klein, gilt:

$$U_L = \frac{U_0 \cdot R_M}{R_M + R_ü} \qquad U_F = U_L + R_ü \cdot I_F$$

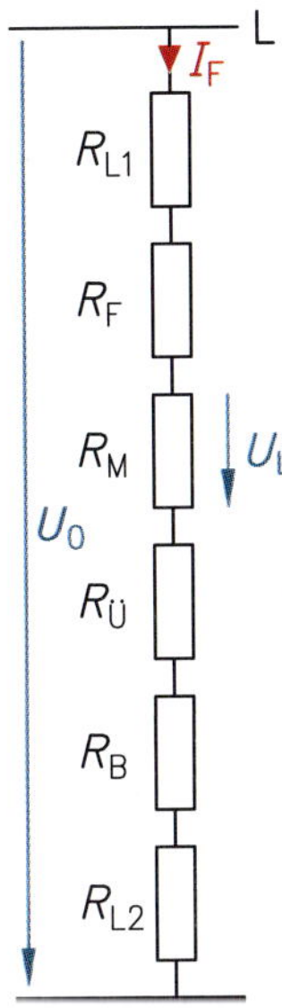

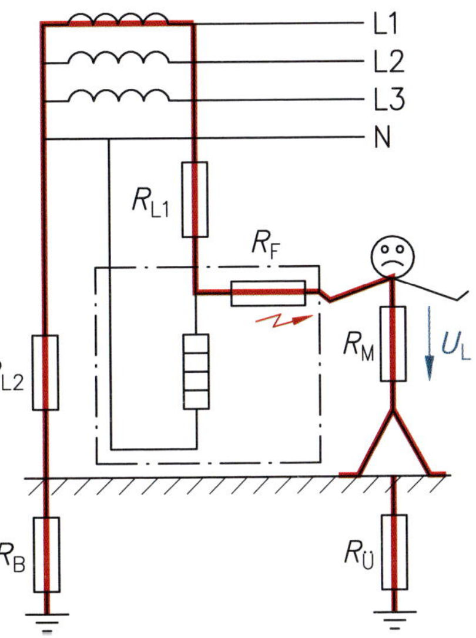

Zeichen	Bedeutung	Einheit
U_L	Berührungsspannung	V
U_0	Spannung gegen Erde	V
U_F	Fehlerspannung	V
I_F	Fehlerstrom	A
R	Gesamtwiderstand des Fehlerstromkreises	Ω
R_{L1}	Leitungswiderstand zum Gerät	Ω
R_{L2}	Leitungswiderstand von der Betriebserde zum Transformatoren-sternpunkt	Ω
R_F	Fehlerwiderstand	Ω
R_M	Körperwiderstand des Menschen	Ω
$R_ü$	Erdübergangswiderstand	Ω
R_B	Betriebserdungswiderstand	Ω

36.5 TT-System mit Überstrom-Schutzeinrichtung

$$R_A \leq \frac{U_L}{I_A}$$

Zeichen	Bedeutung	Einheit
U_L	Dauernd zulässige Berührungsspannung bei Wechselspannung $U_L = 50$ V bei Gleichspannung $U_L = 120$ V in besonderen Anwendungsfällen (Kinderspielzeug, Kesselleuchten) bei Wechselspannung $U_L = 25$ V bei Gleichspannung $U_L = 60$ V	V
I_A	Abschaltstromstärke (siehe Kap. 36.8)	A
R_A	Erdungswiderstand	Ω

36.6 TN-System mit Überstrom-Schutzeinrichtung

$$U_0 \geq Z_s \cdot I_A \qquad Z_s = \frac{U_1 - U_2}{I} \qquad I_K = \frac{U_1}{Z_s} \qquad I_K = \frac{U_1 \cdot I}{U_1 - U_2}$$

Zeichen	Bedeutung	Einheit
U_0	Spannung gegen geerdete Leiter (unbelastet)	V
U_1	Gemessene Spannung zwischen dem unbelasteten Außenleiter und dem geerdeten Leiter	V
U_2	Gemessene Spannung zwischen dem belasteten Außenleiter und dem geerdeten Leiter	V
I	Belastungsstrom bei der Messung von U_2	A
I_A	Abschaltstromstärke der Sicherung (siehe Kap. 36.8)	A
Z_S	Schleifenimpedanz	Ω
I_K	Kurzschlussstrom	A

36.7 Fehlerstrom-Schutzeinrichtung (RCD)

$$R_A = \frac{U_F}{I_\Delta} \qquad R_A \leq \frac{U_L}{I_{\Delta N}}$$

Zeichen	Bedeutung	Einheit
U_F	Fehlerspannung bei Auslösung des Schutzschalters	V
U_L	(siehe Kap. 36.5)	
I_Δ	Fehlerstrom bei Auslösung des Schutzschalters	A
$I_{\Delta N}$	Bemessungsdifferenzstrom	A
R_A	Erdungswiderstand	Ω

36.8 Abschaltstromstärke

$$I_A = n \cdot I_N$$

Zeichen	Bedeutung	Einheit
I_A	Abschaltstromstärke	A
I_N	Nennstromstärke der Schmelzsicherung oder des Leitungsschutzschalters	A
n	Faktor (Vielfaches) zur Bestimmung der Abschaltströme I_A	–

	Nennspannung gegen Erde	Abschaltzeiten t_A	Faktor *n* für Schmelzsicherungen gG	Faktor *n* für Leitungsschutzschalter B	C	D
Für Endstromkreise, die über Steckdosen oder festen Anschluss ortsveränderliche Betriebsmittel der Schutzklasse I versorgen	230 V 400 V > 400 V	0,4 s 0,2 s 0,1 s	10	5	10	20
Für Verteilungsstromkreise und Endstromkreise mit ortsfesten Betriebsmitteln		5 s	5	5	7	7

(siehe Kennlinien Kap. 34.7 und Kap. 34.8)

Quadrat

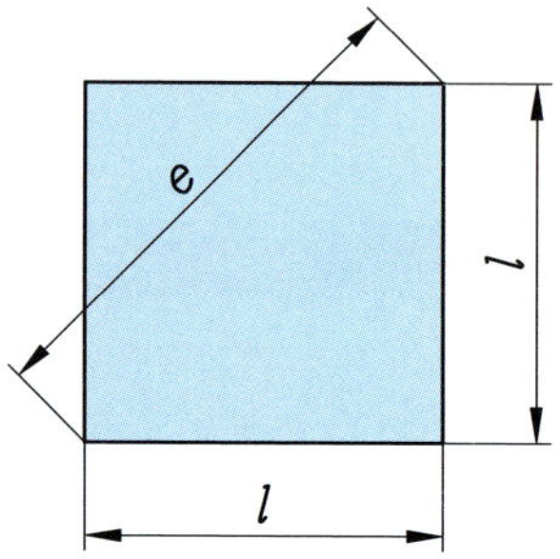

$A = l^2$ $\quad l = \sqrt{A}$

$U = 4 \cdot l$ $\quad l = \frac{U}{4}$

$e = \sqrt{2} \cdot l = 1{,}41 \cdot l$

Rechteck

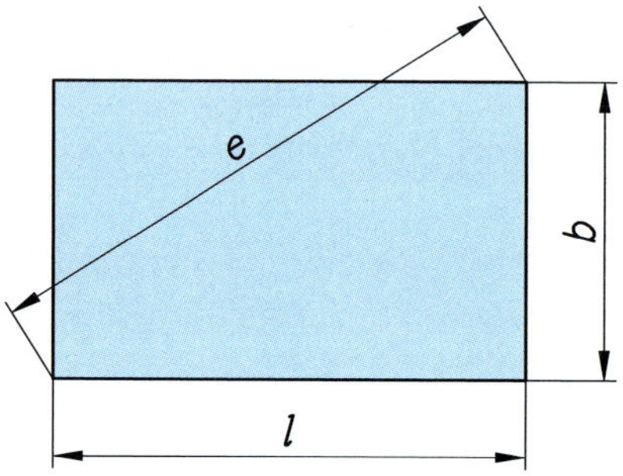

$A = l \cdot b$ $\quad l = \frac{A}{b}$ $\quad b = \frac{A}{l}$

$U = 2\,(l + b)$ $\quad b = \frac{U}{2} - l$ $\quad l = \frac{U}{2} - b$

$e = \sqrt{l^2 + b^2}$ $\quad l = \sqrt{e^2 - b^2}$ $\quad b = \sqrt{e^2 - l^2}$

Parallelogramm, Rhomboid

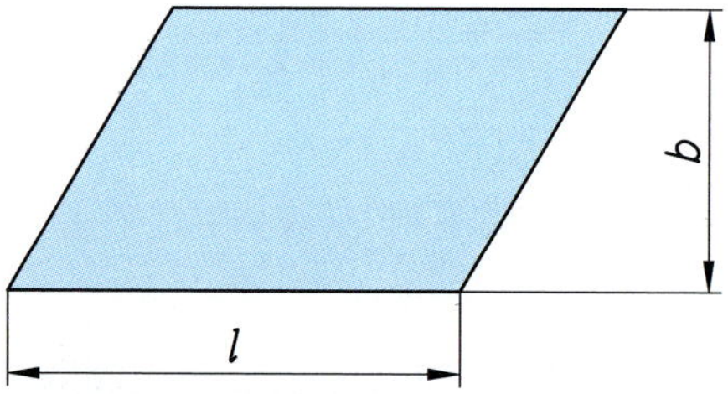

$A = l \cdot b$

Zeichen	Bedeutung	Einheit
A	Fläche	mm^2
l	Länge	mm
b	Breite	mm
e	Eckenmaß	mm
U	Umfang	mm

Trapez

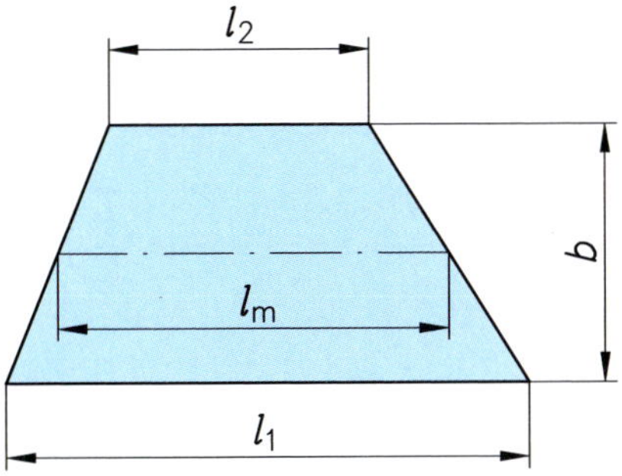

$$A = \frac{l_1 + l_2}{2} \cdot b$$

$$\frac{l_1 + l_2}{2} = l_m$$

Ungleichseitiges Dreieck

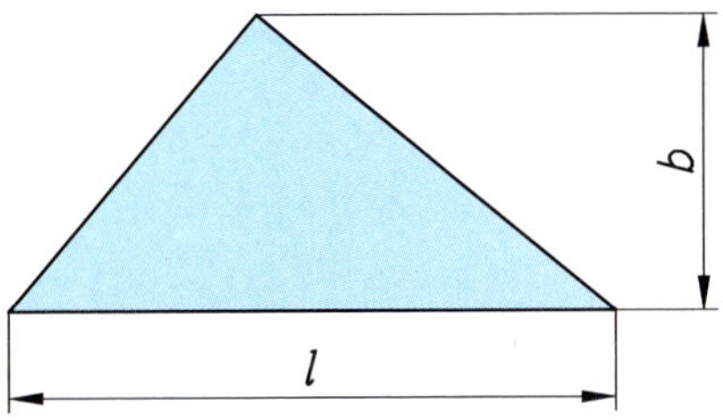

$$A = \frac{l \cdot b}{2} \qquad b = \frac{2 \cdot A}{l} \qquad l = \frac{2 \cdot A}{b}$$

Gleichseitiges Dreieck

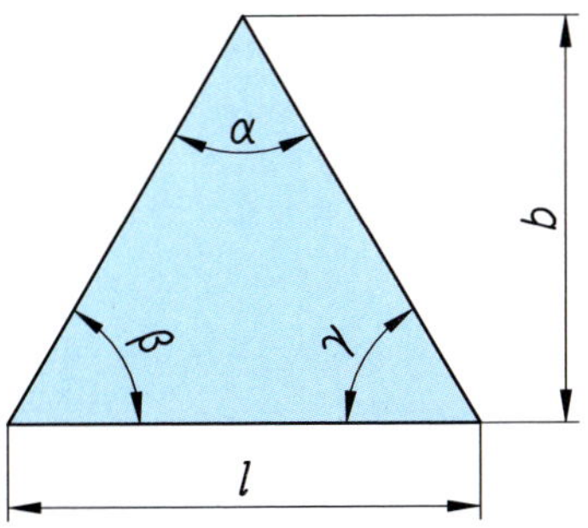

$$\alpha = \beta = \gamma = 60°$$

$$A = \frac{l \cdot b}{2} \qquad b = \frac{2 \cdot A}{l} \qquad l = \frac{2 \cdot A}{b}$$

$$A = \frac{l^2}{4} \cdot \sqrt{3} \qquad b = \frac{l}{2} \cdot \sqrt{3}$$

$$A = l^2 \cdot 0{,}443 \qquad b = 0{,}866 \cdot l$$

Zeichen	Bedeutung	Einheit
A	Fläche	mm^2
l	Länge	mm
l_1	Große Länge	mm
l_2	Kleine Länge	mm
l_m	Mittlere Länge	mm
b	Breite	mm
α, β, γ	Flächenwinkel	°

Regelmäßiges Sechseck

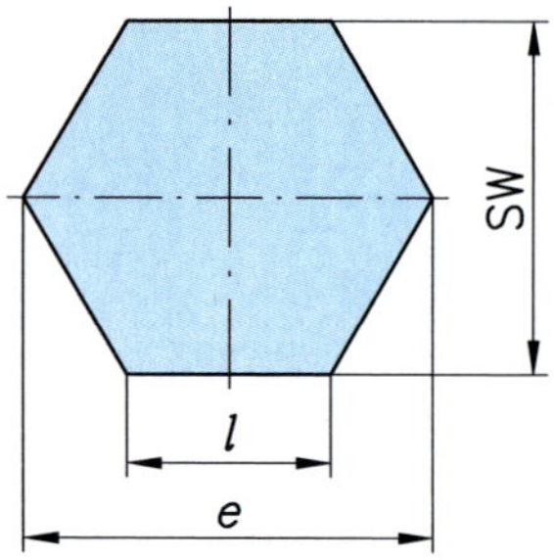

$$A = 0{,}75 \cdot e \cdot SW$$

$$l = \sqrt{0{,}385 \cdot A}$$

$SW = 0{,}866 \cdot e$

$e = 1{,}155 \cdot SW$

$SW = l \cdot \sqrt{3}$

$e = l \cdot 2$

Kreis

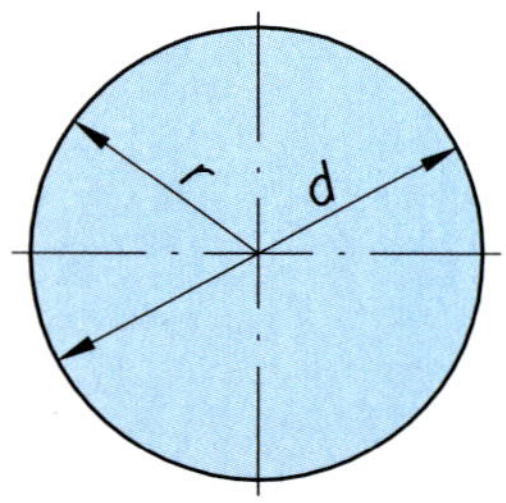

$$A = \frac{d^2 \cdot \pi}{4}$$

$$U = d \cdot \pi$$

$A = d^2 \cdot 0{,}785 \qquad d = 2 \cdot \sqrt{\frac{A}{\pi}}$

Kreisausschnitt, Sektor

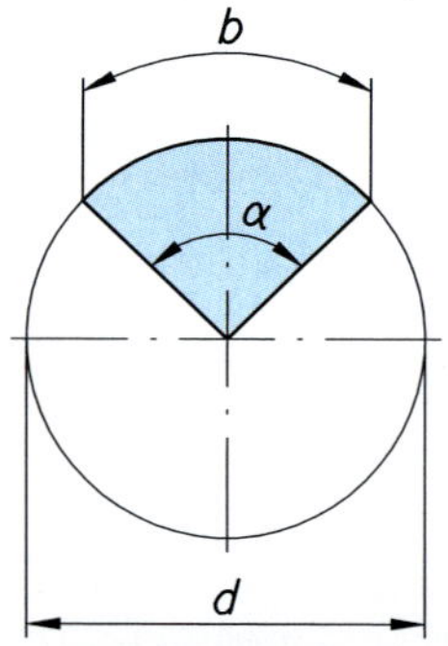

$$A = \frac{d^2 \cdot \pi}{4 \cdot 360°} \cdot \alpha$$

$\alpha = \frac{4 \cdot A \cdot 360°}{d^2 \cdot \pi} \qquad d = \sqrt{\frac{360° \cdot A}{0{,}785 \cdot \alpha}}$

$A = \frac{d \cdot b}{4} \qquad b = \frac{4 \cdot A}{d} \qquad d = \frac{4 \cdot A}{b}$

$\alpha = \frac{360° \cdot b}{d \cdot \pi} \qquad b = \frac{d \cdot \pi \cdot \alpha}{360°}$

Zeichen	Bedeutung	Einheit
A	Fläche	mm^2
l	Länge	mm
e	Eckenmaß	mm
SW	Schlüsselweite	mm
d	Durchmesser	mm
r	Radius	mm
U	Umfang	mm
b	Bogenlänge des Kreisausschnittes	mm
α	Flächenwinkel	°

Kreisabschnitt, Segment

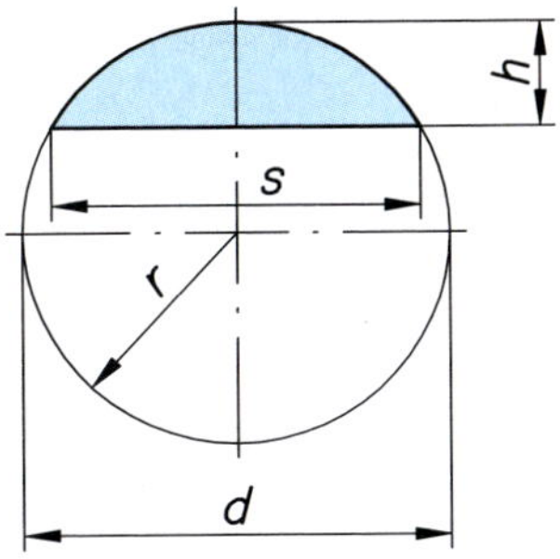

$$A = \frac{h}{6 \cdot s} \cdot (3 \cdot h^2 + 4 \cdot s^2)$$

$$h = r - \sqrt{r^2 - \frac{s^2}{4}}$$

$$r = \frac{\left(\frac{s}{2}\right)^2 + h^2}{2 \cdot h}$$

$$A \approx \frac{2}{3} \cdot s \cdot h$$

$$A \approx \frac{r \cdot (b - s) + s \cdot h}{2}$$

$$s = 2 \cdot \sqrt{r^2 - (r - h)^2}$$

Kreisring

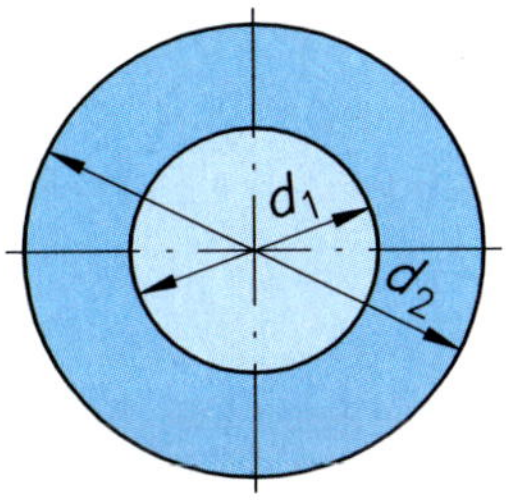

$$A = \frac{\pi}{4} \cdot (d_2^2 - d_1^2)$$

$$d_2 = \sqrt{\frac{4 \cdot A}{\pi} + d_1^2}$$

$$d_1 = \sqrt{d_2^2 - \frac{4 \cdot A}{\pi}}$$

Ellipse

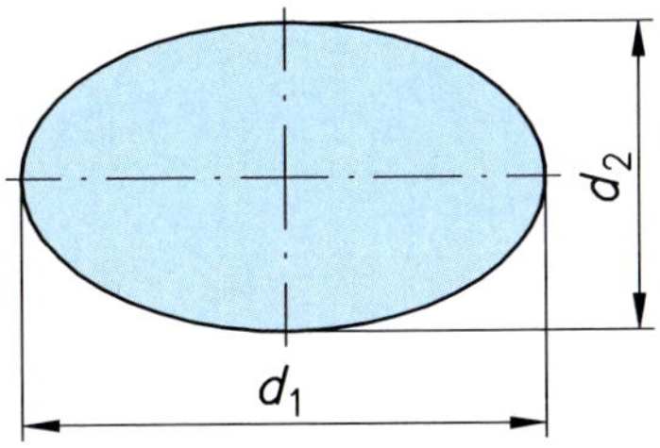

$$A = d_1 \cdot d_2 \cdot \frac{\pi}{4}$$

$$U \approx \frac{d_1 + d_2}{2} \cdot \pi$$

Zeichen	Bedeutung	Einheit
A	Fläche	mm^2
h	Höhe	mm
s	Sehne des Kreises	mm
r	Radius	mm
U	Umfang	mm
d_1	Durchmesser des Innenkreises/Große Achse der Ellipse	mm
d_2	Durchmesser des Außenkreises/Kleine Achse der Ellipse	mm
b	Bogenlänge des Kreisabschnitts	mm

38 Winkelfunktionen
trigonometric functions

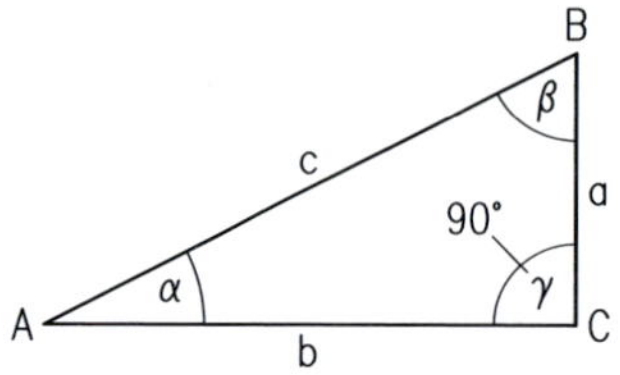

Vom ∢ α aus	Vom ∢ β aus
a = Gegenkathete (liegt dem ∢ α gegenüber)	a = Ankathete (liegt dem ∢ β an)
b = Ankathete (liegt dem ∢ α an)	b = Gegenkathete (liegt dem ∢ β gegenüber)
c = Hypotenuse	

sin (Sinus)	$= \frac{\text{Gegenkathete}}{\text{Hypotenuse}}$	$\sin\alpha = \frac{a}{c}$	$\sin\beta = \frac{b}{c}$
cos (Cosinus)	$= \frac{\text{Ankathete}}{\text{Hypotenuse}}$	$\cos\alpha = \frac{b}{c}$	$\cos\beta = \frac{a}{c}$
tan (Tangens)	$= \frac{\text{Gegenkathete}}{\text{Ankathete}}$	$\tan\alpha = \frac{a}{b}$	$\tan\beta = \frac{b}{a}$
cot (Cotangens)	$= \frac{\text{Ankathete}}{\text{Gegenkathete}}$	$\cot\alpha = \frac{b}{a}$	$\cot\beta = \frac{a}{b}$

Vergleich der Winkelfunktionen

$\frac{a}{c} = \sin\alpha = \cos(90^\circ - \alpha) = \cos\beta$

$\frac{b}{c} = \cos\alpha = \sin(90^\circ - \alpha) = \sin\beta$

$\frac{a}{b} = \tan\alpha = \cot(90^\circ - \alpha) = \cot\beta$

$\frac{b}{a} = \cot\alpha = \tan(90^\circ - \alpha) = \tan\beta$

39 Lehrsatz des Pythagoras
Pythagorean theorem

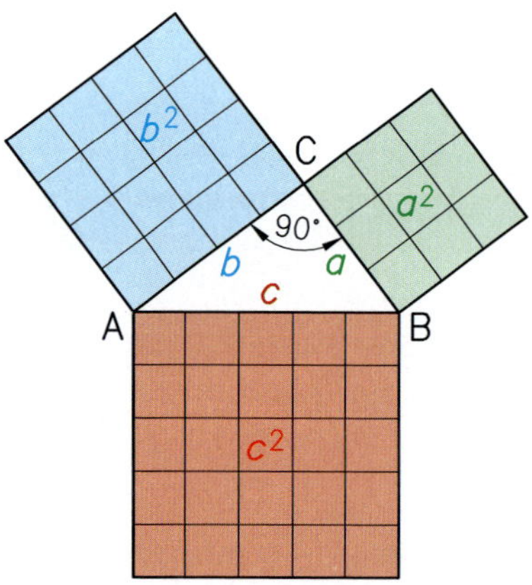

Im rechtwinkligen Dreieck ist das Quadrat über der Hypotenuse (c) gleich der Summe der Quadrate über den beiden Katheten.

$$c^2 = a^2 + b^2$$

$$c = \sqrt{a^2 + b^2}$$

$$a = \sqrt{c^2 - b^2}$$

$$b = \sqrt{c^2 - a^2}$$

Zeichen	Bedeutung
a	Kathete
b	Kathete
c	Hypotenuse

Prisma

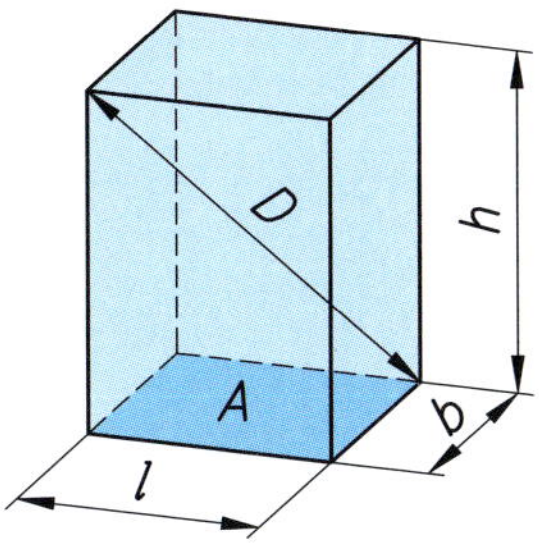

$$V = A \cdot h$$

$$V = l \cdot b \cdot h$$

$$l = \frac{V}{b \cdot h}$$

$$D = \sqrt{l^2 + b^2 + h^2}$$

Kegel

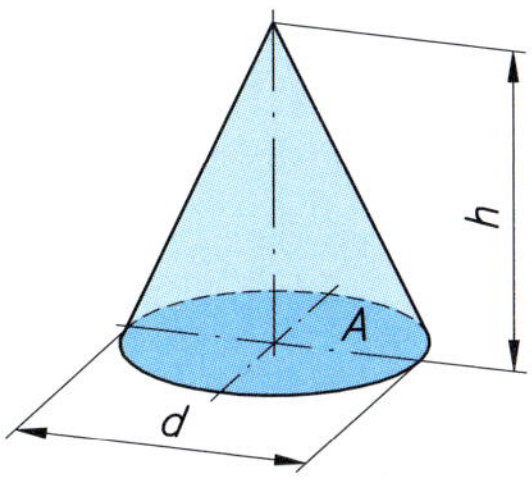

$$V = \frac{A \cdot h}{3}$$

$$V = \frac{d^2 \cdot \pi \cdot h}{12}$$

Kugel

$$V = \frac{d^2 \cdot \pi}{6}$$

$$O = d^2 \cdot \pi$$

Zylinder

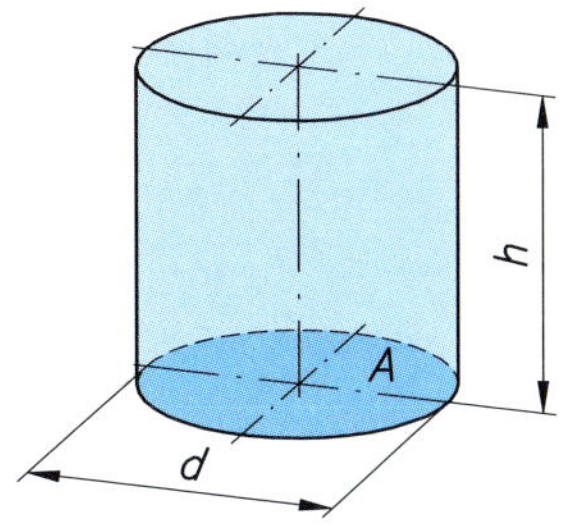

$$V = A \cdot h$$

$$V = \frac{d^2 \cdot \pi}{4} \cdot h$$

Pyramide

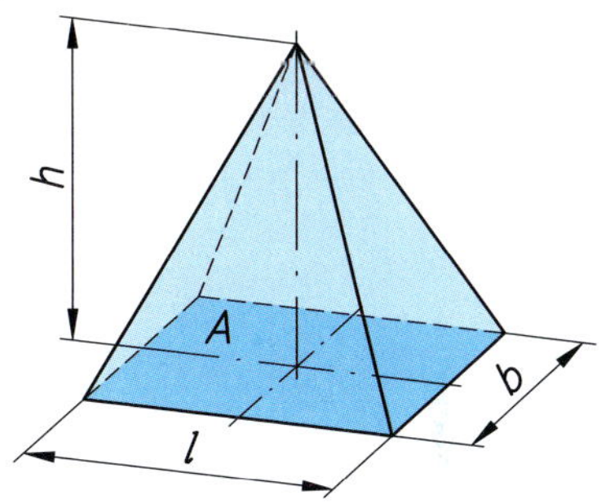

$$V = \frac{A \cdot h}{3}$$

$$V = \frac{l \cdot b \cdot h}{3}$$

Zeichen	Bedeutung	Einheit
V	Volumen, Rauminhalt	mm^3
A	Grundfläche	mm^2
l	Länge	mm
b	Breite	mm
h	Höhe	mm
D	Raumdiagonale	mm
d	Durchmesser	mm
O	Oberfläche	mm^2

41 Technische Tabellen
technical tables

T 1: Mathematische Zeichen nach DIN 1302

=	gleich
≡	identisch gleich
≠	nicht gleich, ungleich
≢	nicht identisch gleich
~	proportional
≈	angenähert gleich, nahezu gleich (rund, etwa)
≙	entspricht
<	kleiner als
>	größer als
≤	kleiner oder gleich, höchstens gleich
≥	größer oder gleich, mindestens gleich
+	plus
−	minus
· x	mal
−/:	durch, geteilt durch, zu (je)
%	Prozent, vom Hundert, 1 % = 10^{-2}
‰	Promille, vom Tausend, 1 ‰ = 10^{-3}
() [] {} < >	runde, eckige, geschweifte, spitze Klammer auf und zu
$\parallel$	parallel
$\nparallel$	nicht parallel
↑↑	gleichsinnig parallel
⊥	rechtwinklig zu, senkrecht auf
Δ	Dreieck
≅	kongruent
~	ähnlich
∢	Winkel
$\overline{AB}$	Strecke AB
$\widehat{AB}$	Bogen AB
π	Pi (Verhältnis des Kreisumfanges zum Durchmesser, π = 3,14159 ...)
∞	unendlich
sin	Sinus
cos	Cosinus
tan	Tangens
cot	Cotangens
Σ	Summe
$\sqrt{\ }$	Quadratwurzel aus
$\sqrt[n]{\ }$	*n*-te Wurzel aus
∧	Und-Verknüpfung
∨	Oder-Verknüpfung

T 2: Kurzzeichen zum Bezeichnen von Vielfachen und Teilen der Einheiten

T	Tera	$= 10^{12}$	=	1000 000 000 000
G	Giga	$= 10^{9}$	=	1 000 000 000
M	Mega	$= 10^{6}$	=	1 000 000
k	Kilo	$= 10^{3}$	=	1 000
h	Hekto	$= 10^{2}$	=	100
da	Deka	$= 10^{1}$	=	10
	10^{0}	= 1		
d	Dezi	$= 10^{-1}$	=	0,1
c	Zenti	$= 10^{-2}$	=	0,01
m	Milli	$= 10^{-3}$	=	0,001
µ	Mikro	$= 10^{-6}$	=	0,000001
n	Nano	$= 10^{-9}$	=	0,000000001
p	Piko	$= 10^{-12}$	=	0,000000000001

T 3: Umrechnung von Leistungseinheiten

	kW	PS	$Nm/s = kgm^2/s^3$
1 kW	1	1,36	10^{3}
1 PS	0,735	1	735
1 Nm/s	10^{-3}	0,00136	1

T 4: Umrechnung der Einheiten von Energie, Arbeit, Wärmemenge

	J	kJ	kWh	kcal
1 J = **1 Nm** = 1 Ws	1	0,001	$2{,}78 \cdot 10^{-7}$	$2{,}39 \cdot 10^{-4}$
1 kJ	1000	1	$2{,}78 \cdot 10^{-4}$	0,239
1 kWh	3600000	3600	1	860
1 kcal	4200	4,2	0,00116	1

T 5: Elektrolytische Spannungsreihe der Metalle bezüglich Wasserstoff (bei 25 °C)

	Stoff	Symbol	Spannung *U* in V
↑ unedler	Kalium	K	– 2,93
	Calcium	Ca	– 2,87
	Natrium	Na	– 2,71
	Magnesium	Mg	– 2,37
	Aluminium	Al	– 1,66
	Mangan	Mn	– 1,19
	Zink	Zn	– 0,76
	Chrom	Cr	– 0,74
	Eisen	Fe	– 0,44
	Cadmium	Cd	– 0,40
	Kobalt	Co	– 0,28
	Nickel	Ni	– 0,23
	Zinn	Sn	– 0,14
	Blei	Pb	– 0,13
	Wasserstoff	H	0,00
edler ↓	Kupfer	Cu	+ 0,34
	Kohlenstoff	C	+ 0,74
	Silber	Ag	+ 0,80
	Platin	Pt	+ 1,20
	Gold	Au	+ 1,50

T 6: Spezifischer elektrischer Widerstand, elektrische Leitfähigkeit, Temperaturkoeffizient bei 20 °C und Dichte

Werkstoff	Spezifischer Widerstand ρ	Leitfähigkeit γ	Temperatur-koeffizient α	Dichte ρ
	$\frac{\Omega \cdot mm^2}{m}$	$\frac{m}{\Omega \cdot mm^2}$	$\frac{1}{K}$	$\frac{kg}{dm^3}$
Metalle				
Silber	0,016	62,5	0,00377	10,5
Kupfer	0,0179	56	0,0039	8,9
Aluminium	0,0283	35,4	0,0038	2,7
Wolfram	0,055	18,2	0,0041	19,1
Zink	0,06	16,5	0,0037	7,1
Legierungen			(WM = Widerstandsmaterial)	
Cu Mn 2 Al (WM 13)	0,125	8	0,0048	8,9
Messing (MS 63)	0,074	13,5	0,0015	8,6
Nickelin (WM 30) Cu Ni 30 Mn	0,4	2,5	0,0002	8
Manganin (WM 43) Cu Mn 12 Ni	0,43	2,3	0,00001	8,4
Konstantan (WM 50) Cu Ni 20 Mn 10	0,49	2,04	± 0,00002	8,5
Chromnickel (WM100) Cr Ni 2520	0,95	1,05	≈ 0,00025	7,8
Sonstige Leiter				
Kohlenstifte	65	0,015	– 0,0002 bis 0,007	≈ 2
Grafit	20 ... 100	0,05 ... 0,01		
Retortenkohle	100	0,01		

T 7: Elektrochemische Äquivalente

Stoff (und Wertigkeit)	El.-chem. Äquival. in mg/As	Stoff (und Wertigkeit)	El.-chem. Äquival. in mg/As	Stoff (und Wertigkeit)	El.-chem. Äquival. in cm^3/As
Aluminium (Al III)	0,0936	Nickel (Ni II)	0,3041	Wasserstoff (H I)	0,1162
Magnesium (Mg II)	0,1260	Silber (Ag I)	1,1180	Sauerstoff (O II)	0,0581
Kupfer (Cu I)	0,6588	Eisen (Fe II)	0,2894	Knallgas	0,1743
Kupfer (Cu II)	0,3294	Eisen (Fe III)	0,1929	Chlor (Cl I)	0,1162

T 8: Magnetisierungskurven von normalem Dynamoblech und Stahlguss, mittelstark legiertem Blech und Gusseisen

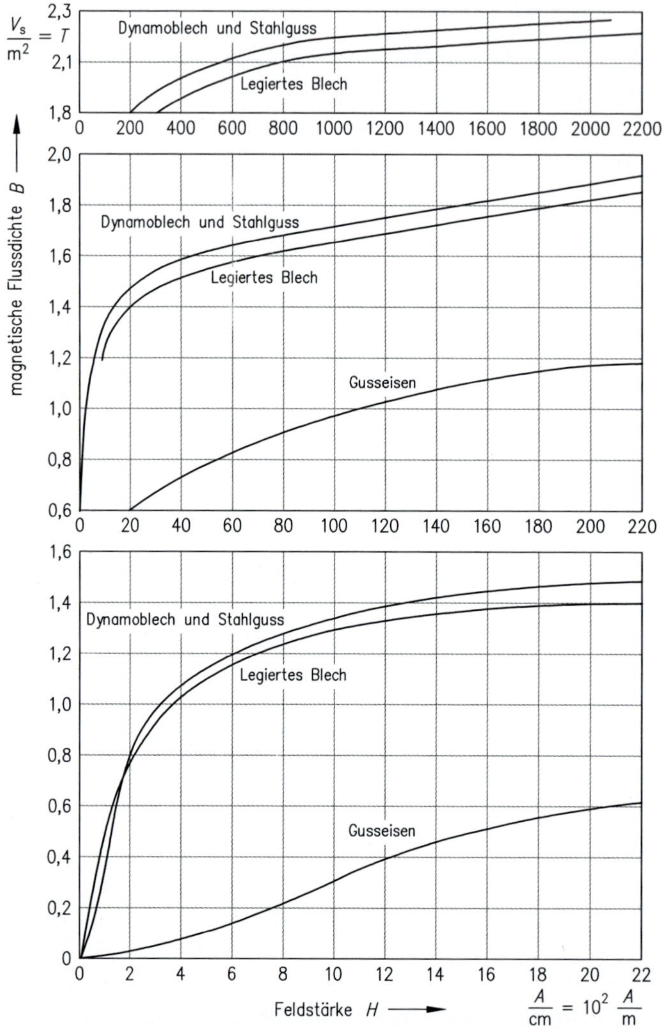

T 9: Griechisches Alphabet

Α	α	alpha	Η	η	eta	Ν	ν	ny	Τ	τ	tau
Β	β	beta	Θ	ϑ	theta	Ξ	ξ	xi	Υ	υ	ypsilon
Γ	γ	gamma	Ι	ι	iota	Ο	ο	omikron	Φ	φ	phi
Δ	δ	delta	Κ	κ	kappa	Π	π	pi	Χ	χ	chi
Ε	ε	epsilon	Λ	λ	lambda	Ρ	ρ	rho	Ψ	ψ	psi
Ζ	ζ	zeta	Μ	μ	my	Σ	σ	sigma	Ω	ω	omega

T 10: Normzahlenreihen

Werte von Widerständen, Kapazitäten, Z-Dioden usw. werden nach den Normzahlenreihen E 6, E 12, E 24, E 48 und E 96 des IEC (International Electrotechnical Commission) festgelegt.

E6 ± 20 %	E 12 ± 10 %	E 24 ± 5 %	E 48 ± 2 %	E 96 ± 1 %
1,0	1,0	1,0	1,00	1,00
				1,02
			1,05	1,05
				1,07
		1,1	1,10	1,10
				1,13
			1,15	1,15
				1,18
	1,2	1,2	1,21	1,21
				1,24
			1,27	1,27
		1,3		1,30
			1,33	1,33
				1,37
			1,40	1,40
				1,43
			1,47	1,47
1,5	1,5	1,5		1,50
			1,54	1,54
				1,58
		1,6	1,62	1,62
				1,65
			1,69	1,69
				1,74
			1,78	1,78
	1,8	1,8		1,82
			1,87	1,87
				1,91
			1,96	1,96
		2,0		2,00
			2,05	2,05
				2,10
			2,15	2,15
2,2	2,2	2,2		2,21
			2,26	2,26
				2,32
			2,37	2,37
		2,4		2,43
			2,49	2,49
				2,55
			2,61	2,61
				2,67
	2,7	2,7	2,74	2,74
				2,80
			2,87	2,87
				2,94
		3,0	3,01	3,01
				3,09
			3,16	3,16
				3,24
3,3	3,3	3,3	3,32	3,32
				3,40
			3,48	3,48
				3,57
		3,6	3,65	3,65
				3,74
			3,83	3,83
	3,9	3,9		3,92
			4,02	4,02
				4,12
			4,22	4,22
		4,3		4,32
			4,42	4,42
				4,53
			4,64	4,64
4,7	4,7	4,7		4,75
			4,87	4,87
				4,99
		5,1	5,11	5,11
				5,23
			5,36	5,36
				5,49
	5,6	5,6	5,62	5,62
				5,76
			5,90	5,90
				6,04
		6,2	6,19	6,19
				6,34
			6,49	6,49
				6,65
6,8	6,8	6,8	6,81	6,81
				6,98
			7,15	7,15
				7,32
		7,5	7,50	7,50
				7,68
			7,87	7,87
				8,06
	8,2	8,2	8,25	8,25
				8,45
			8,66	8,66
				8,87
		9,1	9,09	9,09
				9,31
			9,53	9,53
				9,76

T 11: Kennzeichnung von Widerständen

Widerstandswert und Toleranz

Kohleschichtwiderstände

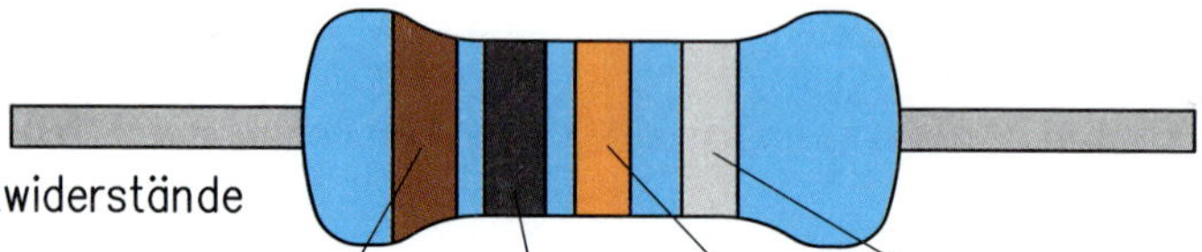

	A	B	C	D	E
F	X	X	X	X	20 %
G	X	X	X	0,01	10 %
H	X	X	X	0,1	5 %
I	0	0	0	1	X
J	1	1	1	10	1 %
K	2	2	2	100	2 %
L	3	3	3	1000	
M	4	4	4	10000	X
N	5	5	5	100000	0,5 %
O	6	6	6	1000000	0,25 %
P	7	7	7	10000000	0,1 %
Q	8	8	8	100000000	0,05 %
R	9	9	9	1000000000	X

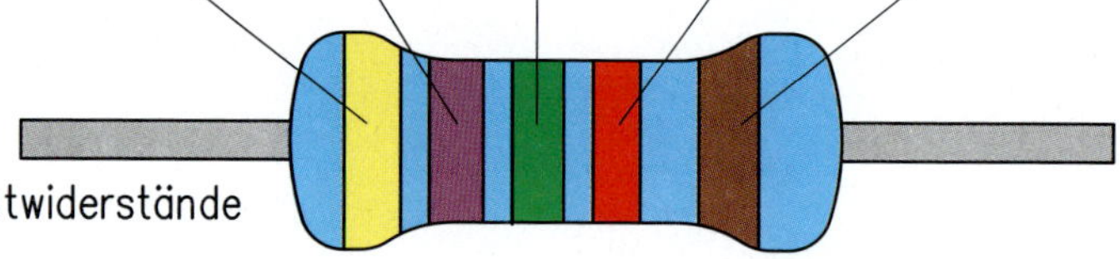

Metallschichtwiderstände

T 12: Kennzeichnung von Kondensatoren

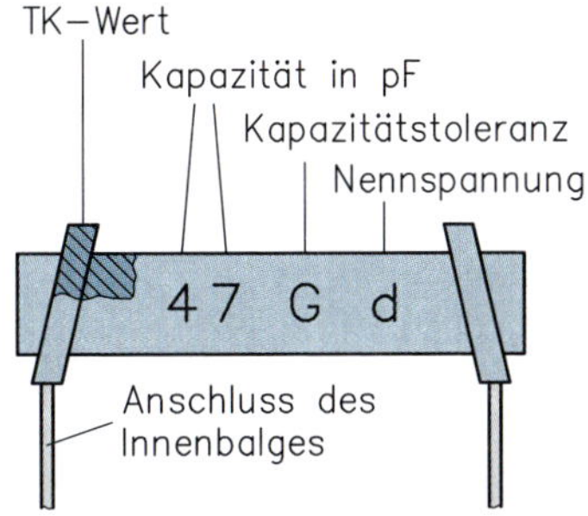

Farbe der kleinen Farbzeichen	1. Ziffer des Kapazitätswertes	2. Ziffer des Kapazitätswertes	Multiplikator für Kapazitätswert in pF	Kapazitätstoleranz	
				$C \leq 10$ pF in pF	$C > 10$ pF in %
schwarz	–	0	$10^0 =$ 1		± 20
braun	1	1	$10^1 =$ 10	± 0,1	± 1
rot	2	2	$10^2 =$ 100	± 0,25	± 2
orange	3	3	$10^3 =$ 1 000	–	± 2,5
gelb	4	4	$10^4 =$ 10 000	–	–
grün	5	5	–	± 0,5	± 5
blau	6	6	–	–	–
violett	7	7	–	–	–
grau	8	8	$10^{-2} =$ 0,01	± 0,25	–
weiß	9	9	$10^{-1} =$ 0,1	± 1	± 10

Die Kennzeichnung kann auch aus einem Farbpunkt und *Aufdruck* bestehen. Dann gilt:
- der Farbpunkt kennzeichnet den TK-Wert nach vorstehendem Farbcode,
- die Zahl gibt die Kapazität in pF an,
- der Großbuchstabe kennzeichnet die Kapazitätstoleranz,
- der Kleinbuchstabe kennzeichnet die Nennspannung.
- Fehlt der Kleinbuchstabe, dann ist die Nennspannung 500 V.

1. Buchstabe	Kapazitätstoleranz	
	$C \leq 10$ pF in pF	$C > 10$ pF in %
B	± 0,1	
C	± 0,25	
D	± 0,5	± 0,5
F	± 1	± 1
G	± 2	± 2
H		± 2,5
J		± 5
K		± 10
N		± 20
P		± 30
R		+ 100/– 0
S		+ 30/– 20
Z		+ 50/– 20
		+ 100/– 20

2. Buchstabe	Nennspannung
a	50 V –
b	125 V –
c	160 V –
d	250 V –
e	350 V –
f	500 V –
g	700 V –
h	1 000 V –
u	250 V ~
v	350 V ~
w	500 V ~

Sachwortverzeichnis

Englisch — Deutsch

Sachwortverzeichnis

Deutsch — Englisch

Bildquellenverzeichnis

|Di Gaspare, Michele (Bild und Technik Agentur für technische Grafik und Visualisierung), Bergheim: 10.1, 10.2, 11.1, 11.2, 12.1, 12.2, 13.1, 14.1, 15.1, 15.2, 16.1, 16.2, 16.3, 17.1, 17.2, 17.3, 18.1, 26.1, 26.2, 28.1, 28.2, 29.1, 29.2, 30.1, 30.2, 30.3, 30.4, 31.1, 31.2, 31.3, 33.1, 33.2, 33.3, 35.1, 35.2, 35.3, 36.1, 36.2, 36.3, 37.1, 37.2, 37.3, 38.1, 38.2, 38.3, 40.1, 40.2, 41.1, 41.2, 42.1, 43.1, 44.1, 44.2, 45.1, 48.1, 49.1, 49.2, 49.3, 49.4, 49.5, 49.6, 49.7, 49.8, 49.9, 49.10, 49.11, 49.12, 49.13, 49.14, 49.15, 49.16, 50.1, 50.2, 50.3, 51.1, 52.1, 52.2, 55.1, 57.1, 57.2, 57.3, 58.1, 58.2, 58.3, 59.1, 60.1, 60.2, 60.3, 60.4, 60.5, 62.1, 62.2, 63.1, 63.2, 63.3, 63.4, 64.1, 64.2, 64.3, 64.4, 66.1, 66.2, 66.3, 67.1, 67.2, 68.1, 68.2, 68.3, 68.4, 69.1, 69.2, 69.3, 69.4, 69.5, 70.1, 70.2, 70.3, 71.1, 71.2, 72.1, 72.2, 73.1, 74.1, 74.2, 74.3, 75.1, 75.2, 75.3, 75.4, 75.5, 75.6, 76.1, 76.2, 76.3, 76.4, 76.5, 76.6, 76.7, 76.8, 76.9, 77.1, 77.2, 77.3, 78.1, 78.2, 78.3, 79.1, 79.2, 79.3, 79.4, 79.5, 79.6, 80.1, 80.2, 80.3, 80.4, 80.5, 80.6, 81.1, 81.2, 81.3, 82.1, 83.1, 83.2, 85.1, 85.2, 85.3, 86.1, 86.2, 87.1, 87.2, 88.1, 88.2, 88.3, 88.4, 88.5, 89.1, 92.1, 93.1, 94.1, 95.1, 95.2, 95.3, 95.4, 95.5, 95.6, 95.7, 95.8, 95.9, 95.10, 96.1, 96.2, 96.3, 96.4, 96.5, 96.6, 96.7, 96.8, 96.9, 97.1, 97.2, 98.1, 99.1, 99.2, 99.3, 101.1, 101.2, 101.3, 102.1, 102.2, 102.3, 103.1, 106.1, 106.2, 106.3, 107.1, 107.2, 107.3, 108.1, 108.2, 108.3, 109.1, 109.2, 109.3, 110.1, 110.2, 111.1, 111.2, 111.3, 111.4, 111.5, 116.1, 118.1, 119.1. |iStockphoto.com, Calgary: Lishchyshyna, Olena Titel.